Classics of Van Loon
房龙作品精选典藏

房龙讲建筑

[美]亨德里克·威廉·房龙◎原著
唐陈 等◎编译

四川出版集团 四川美术出版社

图书在版编目（C I P）数据

房龙讲建筑 /（美）房龙 (Van Loon,H.W.) 著；唐陈编译．
— 成都：四川美术出版社，2013.4
（房龙作品精选典藏）
ISBN 978-7-5410-5355-9

Ⅰ．①房… Ⅱ．①房… ②唐… Ⅲ．①建筑史－世界
－通俗读物 Ⅳ．① TU-091

中国版本图书馆 CIP 数据核字 (2013) 第 070274 号

房龙讲建筑
fanglong jiang jianzhu

唐 陈 等 编译

出品人 马晓峰
责任编辑 谭 昉 叶 茂
责任校对 舒从容
责任印制 曾晓峰
封面设计 **最近文化**
出版发行 四川出版集团·四川美术出版社
成都市三洞桥路12号 邮政编码 610071
成品尺寸 165mm×240mm
印 张 10
字 数 240千
制 版 **最近文化**
印 刷 成都双流鑫鑫印务有限公司
版 次 2013年10月第1版
印 次 2013年10月第1次印刷
书 号 ISBN 978-7-5410-5355-9
定 价 32.00元

如需购本书，请与本社邮购组联系
地 址：成都市三洞桥路12号
电 话：（028）87734382 邮政编码：610071

目录

1. 沙漠中那些巨大的三角

人类在上古时代就创造了辉煌的文明。奥林匹亚的罗马主神像、以芙所市的黛安娜神殿、哈里加尔索斯的马索斯王陵、罗德斯岛的赫利亚斯巨像、亚历山大的灯塔、巴比伦的空中花园以及埃及的金字塔，这些都是出自上古时代我们那些智慧祖先之手的杰作，它们被称为世界七大奇观。但是现在我们已经很难再睹它们的威仪，5000年的风霜雨雪使它们中的绝大多数面目全非，非毁即坍，零落成泥化作尘，而唯有沙漠中那些巨大的三角——埃及金字塔至今巍然屹立。

不管我们是否去过埃及，现在我们已经有许多的途径可以了解这个神秘的国度，并目睹作为埃及古文明象征的金字塔的模样。人们通常所说的金字塔是指吉萨金字塔群，它们因坐落于开罗西南吉萨省吉萨高地而得名。这个金字塔群一共有大小金字塔十余座，绝大多数为角锥式金字塔，其中保存较为完好的就有9座。这种形状的金字塔是各种金字塔（另外有阶梯式、弯弓式、

埃及吉萨金字塔群

象牙胡夫像

石棺式三种）中最为典型的，也是我们最为熟悉的。据说建造这种金字塔最初的灵感来源于大漠中沙丘的形状。胡夫金字塔便是最具代表性而且是世界上最大的一座金字塔，它有146.5米高，始建于公元前2690年，是用30万块打磨平整的岩石堆积而成的，每一块岩石重量都在2.5吨左右，石块与石块之间竟然没有任何黏合材料，真是有点不可思议。

胡夫祖孙三代的3座金字塔构成了吉萨金字塔群的核心。它们大小各异，其排列方式成为专家们研究的课题。有一种说法是，它们乃遵循了黄金分割律而构成的；另一说法是，3座金字塔是参照了星系中猎户座最闪亮的3颗星的排列方式进行排列的。古埃及人对银河系旁的猎户座有一种莫名的崇拜，认为它们是死去的法老在天堂的居所，而金字塔则是法老的肉体在人间的宅第。他们相信，当法老死后，他的灵魂将会透过金字塔的上升通道到达猎户座。学者们曾经将尼罗河畔的金字塔与尼罗河的相对位置描绘出来，然后再将它与银河与猎户座的相对位置进行对照，于是得到一个惊人的发现：古埃及人比照这些星辰的位置在大地上建造了一座人间的天堂——这是他们世世代代终身以求的

俯瞰胡夫金字塔

狮身人面像头上的埃及王室标记——眼镜蛇可能是其身后金字塔的守护神

一个永生的乐园。

当然，也有人认为金字塔是经纬仪；还有人把金字塔说成是太阳观象台；有人则认为是天文台，可以确定每年的春分、秋分、冬至和夏至，误差不超过一天；而有人更认为用于建造金字塔的巨石里蕴涵着一些我们永远破解不了的宇宙间神秘的信息密码。

不管是否如此，至少现在我们无法解释。科学家们在对金字塔进行详细考察的过程中，曾以大金字塔作为一个三角测量点，结果发现，金字塔的各边准确地把基本方位和经度子午圈连成一条线，穿过金字塔的三角形顶点，而且对角线穿过金字塔顶向北延长，把尼罗河三角洲对等地分为两半。一条穿过底面对角线交点向北延伸的直线，仅偏离北极7千米。科学家们认为，那条线

哈夫拉金字塔

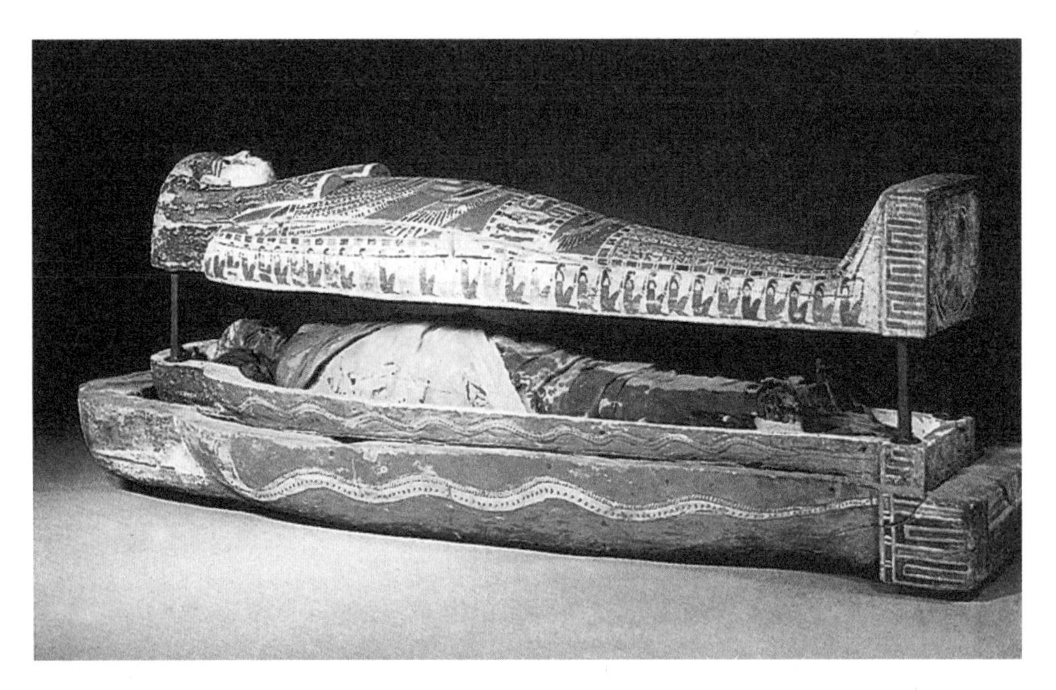

木乃伊棺柩

金字塔内的通道

在金字塔建成之时正端指北极，只是在以后的数千年间北极的位置逐渐发生了改变才出现了一点点的偏离。另外，大金字塔四条边长之和除以高度的两倍便得到圆周率3.14，而直到大金字塔建成后2000年，人们才把圆周率求到小数点后两位。那么，古埃及人是如何在没有指南针和现代精密测量工具的情况下做到这些的呢？至今没有找到只言片语的记录，我们只能推测。

有科学家认为，限于当时的科技水平和客观条件，人类不可能完成这么伟大而又神秘的工程，因为金字塔留给我们太多的谜团，很可能是外星生命所为。但考古发掘出的位于金字塔附近的工匠村落推翻了这一论断，金字塔的确是地球人而非外星生命所为。但问题是为什么要建造金字塔？

古埃及人深知生活的艰辛，便把希望寄托在来世。他们相信今生积德行善，死后灵魂就会升入天国，而灵魂是依附于肉体的，没有肉体的灵魂是孤魂野鬼，所以即使人死了，古埃及人也要想方设法地对尸体进行保护。他们发明了制作“木乃伊”的方法，并在埋葬“木乃伊”的坟墓上加盖石块，修筑石丘，以防遭受外力的损害。而这种石丘逐年增高，演变成了后来的金字塔，再后来甚至成了法老们的专利，成了权势、地位和财富的象征。

太阳船

众所周知，金字塔一开始并不是为艺术而建造的，甚至连建筑都说不上，它只是坟墓。说是坟墓，但迄今为止也没有任何人从金字塔里发现法老们的尸体和别的什么东西，那么法老们到底葬在什么地方呢？天知道！但有一点我们很清楚，古埃及人之所以选择在尼罗河西岸建造金字塔，是因为他们相信太阳落下的西方是亡灵安息的福地。同时，建造金字塔也需靠近河岸，便于船只运输石料。另外，金字塔除了是坟墓之外，在古埃及它还象征着太阳的光芒，同时也是帮助法老们升入天堂的阶梯。法老是人间的神，是正义的化身，他无所不能，他率领人民痛击异帮侵略者，他能带给人们和平与安宁，古埃及人对此深信不疑。因此法

从吉萨金字塔附近挖掘出的太阳船。古埃及人深信这艘船将载着法老的灵魂前往天堂。

老们动用这个国家的所有资源来为自己建造陵墓，他们也毫无怨言。为了将金字塔建造得气势恢弘和尽善尽美，所有出色的雕刻家、泥瓦匠、工程师以及无数工匠都被集中起来，为这一工程服务。要完成这样浩大的工程，前后需要花费至少30年的时间，一般情况下得由10万名工匠同时工作。

金字塔看上去简洁而又美观，是一件巨大而完美的艺术品。尽管我们很难将它归类，说它是建筑，仿佛又不是，但它和别的艺术的距离好像更远。将它划入建筑的范畴似乎理由更为充分一些，或者把它看成是一种与众不同的特殊建筑也未尝不可。从这个意义上说，我们可以断定，金字塔不是单纯为表达美感而建造的，作为建筑，它的实用性不言而喻。古人生活的时代和环境还不允许他们为美而美，他们首先要解决的是生存问题。在今天的人们看来简直是绝妙无比的艺术品，在当时却是我们的祖先为生存而制造的工具，这些工具往往是具有审美价值的实用品，是无意间创造的艺术。那时，艺术创作是和生存、劳动密不可分的；不像现在，艺术从中分离出来，成为区别于其他工作的一种特殊的行业，现代的艺术原本就是在与现实的价值观不同的

金字塔内部

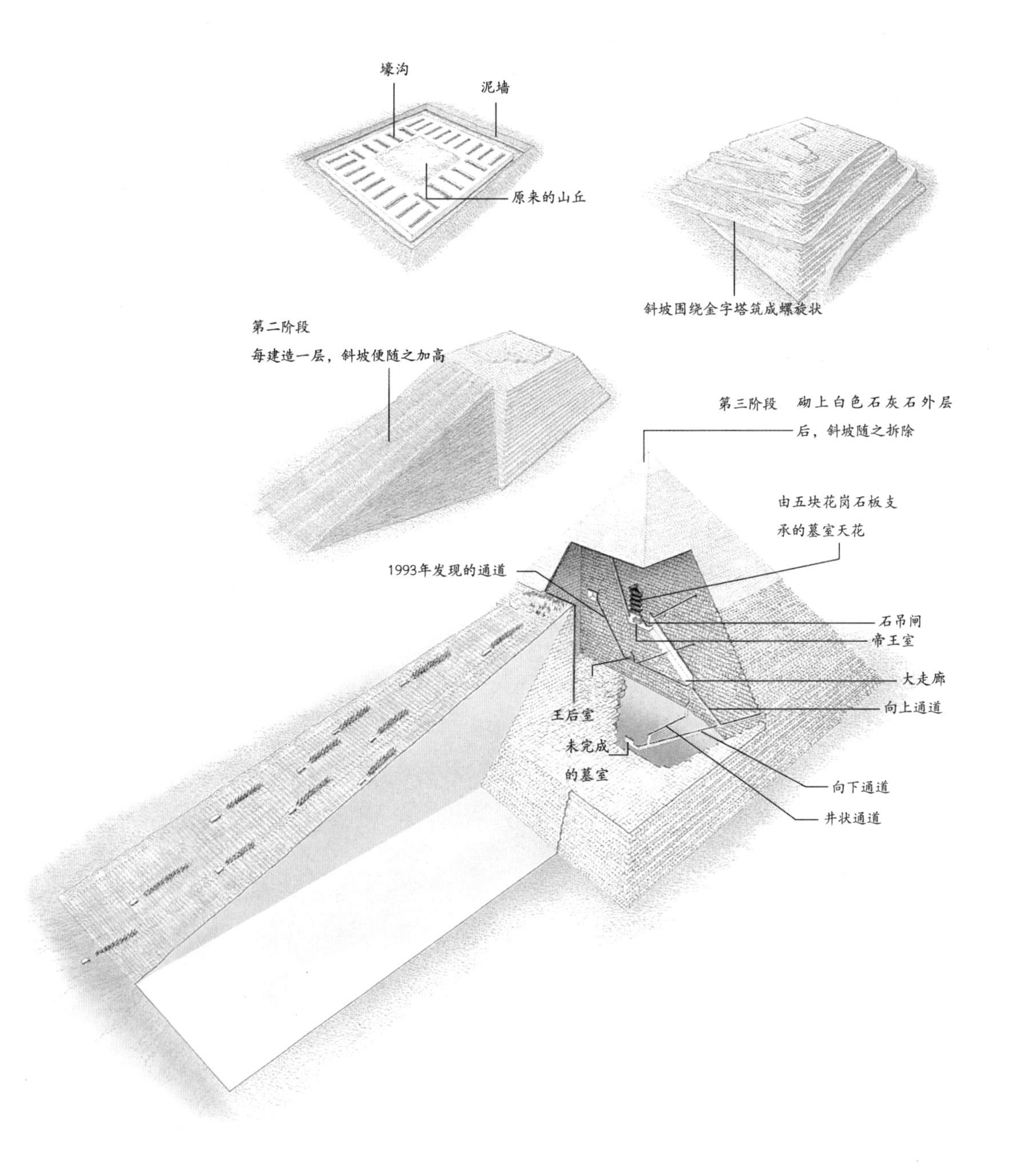
方法一
第一阶段
方法二
壕沟
泥墙
原来的山丘
斜坡围绕金字塔筑成螺旋状
第二阶段
每建造一层，斜坡便随之加高
第三阶段　砌上白色石灰石外层后，斜坡随之拆除
由五块花岗石板支承的墓室天花
1993年发现的通道
石吊闸
帝王室
大走廊
向上通道
王后室
未完成的墓室
向下通道
井状通道
金字塔建造方法示意图

由花岗岩巨石垒成的金字塔墓室入口

层面上存在的。

我们不去管金字塔建造的目的是什么，也不管它曾耗费了多少的财力、物力，又有多少人为此付出了血泪与生命的代价，一个不争的事实是：在那些无名工匠和艺术家的手里，它被精心地建造了起来，并最终成为无与伦比的艺术杰作。

在漫长而灿烂的艺术史中，不独金字塔如此，我们所知道的中国的万里长城、印度的泰姬陵、罗马的圣保罗大教堂以及世界各国无数帝王的陵寝，都无不是皇权与暴政的结果，而正是那些强权或暴政却屡屡创造出这些艺术的奇珍异宝，成为人类文明璀璨星河中的闪亮星辰！这是怎样的一种悖论！我们到底是应该诅咒它还是感谢它呢？这真是一个耐人寻味的话题！

2. 高贵的单纯与静穆的伟大

古希腊建筑对整个欧洲乃至世界建筑的影响是那么的深远，以至于我们很难找到一种恰当的方式来加以形容或说明。古希腊建筑留给人类最宝贵的遗产就是它所创造的“柱式”这一建筑造型的基本元素。从它产生直到今天已有两千多年的历史，而它却长盛不衰，足见其不朽的艺术魅力。没有哪一种建筑的基本元素能够像柱式那样简洁明快而又功能强大。这种采用石制梁柱进行搭配组合的建筑结构方式直接决定着建筑的形式与风格。

“爱奥尼”和“多立克”是最为典型的，也是应用最为广泛的两种柱式。它们所构造的建筑正如德国18世纪艺术史家温克尔曼形容的那样，“具有高贵的单纯与静穆的伟大”，但却有着各自不同的特点：爱奥尼具有一种阴柔华美之感，而多立克则表现出一种阳刚雄浑之美。而我们下面将要讲述的雅典卫城建筑群便是这两种建筑风格发挥到极致的典型例证。

阿波罗神庙遗留下来的多立克式柱子

卫城可以说是雅典的心脏，它坐落在一座海拔156.2米的小山丘的顶部。小山丘名为阿克罗波利斯，虽然只比周围平地高出七八十米，但因为它是孤立存在的，所以依然显得突兀高大，故而也被人们称为“高城”。卫城筑在一座东西长280米，南北宽130米的略呈长方形的山顶平台上，它是一座四周以城墙合围起来的封闭式城堡。作为一种具有防御功能的城堡，当初人们选址于此可谓独具慧眼，这座岩石裸露、寸草不生的石灰岩小丘三面均十分陡峭，仅有西面的一个斜坡可以通达山顶，因而易守难攻。

雅典卫城并非一次建成，它始建于公元前1400年的迈锡尼文明时期，直至伯里克利时期才最后完成，前后逾千年岁月。当初，各部族间征战频繁，为了抵御外族入侵，纷纷建起了自己的城堡，且据险而筑，自成一统。雅典卫城就是当时的一位氏族首领修筑的防御工事，用以抵御外患。后来战乱渐息，卫城的防御功能也渐失其效，人们开始走出围墙，来到宽敞平坦的山下开始了新的生活，而卫城又变成了他们祭祀神灵的地方。他们先后在

爱奥尼式的细长圆柱

奥林匹亚帕拉伊斯特拉遗址的中庭及列柱廊

此建造了许多的庙宇，帕台农、伊瑞克提翁、万神庙以及胜利神庙等都是著名的宗教建筑，卫城后来又变成了一个宗教的圣地。

然而后来的一场战争使这里的建筑变为了一片废墟。那便是公元前480年波斯大军的大举入侵，他们攻占了雅典城，并将卫城的所有建筑全部摧毁。然而，海上贸易和手工业奠定的物质基础，以及奋力保卫刚刚建立起来的自由民主制度的决心，使希腊最终赢得了这场战争。雅典在战争中所发挥的作用和付出的牺牲远大于希腊其他各城邦，因而确立了自己在各城邦中的领导地位。希腊人决心收拾旧山河，再创昔日的辉煌。他们不满足于原

雅典卫城鸟瞰图

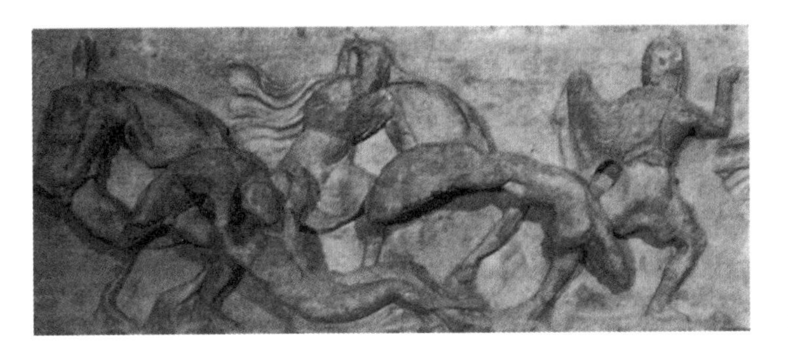

雅典立柱中楣的局部雕刻：希腊人同波斯人在作战。

样复制雅典卫城，他们要重新设计、建造一座前所未有的崭新的卫城。

的确，经过多年的努力，他们在那一堆残垣断壁之上又建起了全希腊最雄伟、最辉煌的建筑群。而它正是雅典在伯里克利当政时期迎来的那个繁荣昌盛的"黄金时代"的生动写照。

关于伯里克利，我们可以在此略书几笔。对雅典卫城的建设伯里克利的确功不可没。今天当我们再回过头来审视这位两千多年前的政治家的时候，实在感到有些不可思议，他既无头衔又无领地，却能将雅典的统治权牢牢掌握在自己手里长达36年，这似乎得益于使他屡获成功的法宝——他那无人能及的演讲天才。他总是激情四射，鼓动他那三寸不烂之舌，鼓吹他施行的艺术"新政"。他富有煽动性的演讲总是那么让人振奋，当人们终于了解并赞同他在艺术上的抱负时，他在通往创造雅典历史上最辉煌时代的道路上又向前迈进了一大步。

《伯里克利传》中记载了一个关于他成功演讲的实例。当这位贵族出身的将军最终成为雅典的实际统治者的时候，他给了平民更多的权利与自由，给了经济和文化更大的发展空间。他还一心要实现他建设和美化雅典的宏图大志，为此他一掷万金，还挪用了提洛同盟的海军经费达9600塔兰同，这笔钱相当于提洛同盟20年的税收，因此他遭到了来自各方的指责。人们咒骂他，说他挥霍浪费没有好下场。这时，伯里克利登高而呼："那好，就请不要将这些建筑所需的费用列在你们的账上吧，让我一个人来支付好了，但有一个条件，那就是在大功告成之时，有资格在建筑上刻上名字的也只有我一个人！谢谢你们将名垂青史的机会留给了我，我感到无比的荣幸！"此言一出，有的人面面相觑，有人

希腊人为纪念公元前479年在普莱托战胜波斯军队，在德尔斐树立一座镀金三条蛇的青铜纪念碑。

有才干的政治家伯里克利

则振臂高呼："伯里克利，我们支持你！"这是公民大会上表决时发生的一幕。人们态度的骤变是因为被他的话语所感动，还是想像他那样名垂青史？谁也说不清楚，但他的演讲的确使他的做法变得合理合法起来。然而，伟大的伯里克利并没有在任何建筑和艺术品上刻下自己的名字，但他在那段历史上留下了深深的印痕。建筑那坚硬的石头终究禁不住岁月的磨砺，只有在历史这块无形的巨石上刻下名字的人才会永垂不朽。当一代又一代的人们怀着崇敬的心情欣赏雅典卫城那些壮美的建筑时，就会不由自主地想起伯里克利这个伟大的名字。

伯里克利死于公元前429年，一场瘟疫夺去了他的生命。尽管伯里克利所创造的那个辉煌的"古典时期"在25年之后因雅典落入斯巴达人的手中而结束，但伯里克利的艺术精神并没有沦陷，在此后100年仍闪烁着熠熠的光芒。他的努力使艺术家们的地位发生了不小的变化，从他之后，那些默默无闻的艺术家开始在自己的作品上署名了，他们的作品更趋完美，并走向了国际市场。

还有一个名字必须提起，那就是建筑师兼雕刻家的菲迪亚斯。当他成为伯里克利得力助手的时候，伯里克利仿佛如虎添翼。正是他全面主持完成了雅典城宏大的建筑工程，使伯里克利

19世纪英国作品：希腊海军的萨拉米大捷（公元前480年9月20日）。

帕台农神庙

雅典保护神——雅典娜

的理想变为了现实。尽管我们对他的生平知之甚少，但他留给我们的那些作品足以让我们对他肃然起敬。但这位大师有生之年却没有获得应有的荣誉和地位，甚至在伯里克利死后，他还遭到了伯里克利政敌的围攻，不得不逃离雅典，避祸于一个荒凉的小岛上，过着流亡的生活，而不知所终。

以上两位是建造雅典卫城的功臣。他们的才华都展现在卫城的建筑之中。他们把建筑变成了一座又一座的丰碑，让那些会说话的石头，向世人述说雅典的繁荣与富足，雅典的辉煌与骄傲。

那时，雅典及所有希腊各城邦的人民共御外辱，并取得辉煌的胜利，因此在雅典卫城的建设中必须体现这一主题，这也是胜利神庙建造的起因。伯里克利执政时期，雅典达到了空前的繁荣，当之无愧地成为希腊的政治、经济和文化的中心。因此，雅典也应具有与这一崇高地位相适应的城市建设，伯里克利要把雅典打扮得美丽而神圣，他希望雅典的保护神雅典娜能保佑他们的

雅典卫城的帕台农神庙遗址

雅典卫城将阿克罗波利斯山的自然景观、建筑和社会效用完美地结合在了一起。

城市永远平安、繁荣。此后，纪念这位女神的泛雅典娜节在雅典人的生活中有了越来越高的地位，伯里克利遂下令修建纪念这位保护神的庙宇，并决心将其建造得超过希腊所有的神址。这就是后来在卫城众多神庙中占据着显著位置的帕台农神庙。关于这座神庙，我们后面将要着重提到，这里先来说说雅典娜女神。据说她是从宙斯的头顶上出生的，因而有着超常的智慧和才能。在希腊，特别是雅典人心中，她是智慧、勇气和美的化身，人们相信她会保护他们，给他们带来安全，更会为他们指明前进的方向。雅典人怀着无比崇敬的心情，用她的名字来命名自己的城市。

在伯里克利的计划中，大兴土木重造雅典卫城除了以上原因之外，还有一个更为重要的原因，那就是发展经济。他清楚地知道，只有发展经济才能使雅典更加强盛，永远立于不败之地。雅典也的确成为了全希腊最令人向往的城市，人们纷至沓来，朝圣、观光和贸易为雅典带来了滚滚财源。同时，大规模的建设也吸引了来自四面八方的各种人才，他们带来的各种先进文化和优秀艺术在这里交会、生发，达到了辉煌的顶点，最终创造出人类建筑史上最完美建筑群之一的雅典卫城。

雅典卫城建筑群构思和布局十分巧妙，将阿克罗波利斯山的自然景观、建筑和社会效用完美地结合在了一起，成为一道绝妙的人文景观。雅典卫城建筑群与绝大多数欧洲古典建筑不同的地方在于，它因地制宜，没有通常所谓的中轴线，因而也没有对称关系。帕台农神庙坐落在略微偏南的位置上，靠近台基南沿；而另一座神庙伊瑞克提翁则在它的正北面，靠近北沿；山门当然地把守在西面唯一可以通达山顶的要隘，紧挨山门南侧的一个悬崖上矗立着胜利神庙。南坡是市民的活动场所，有露天剧场和敞廊。卫城在西方建筑史上有着极高的地位，被誉为建筑群组合艺术中的典范，特别是在巧妙地利用地形方面则更为出色。

从以上这些卫城主要建筑的布局上，我们可以看出这样一个现象，那就是，主要的建筑物都靠近山顶平台的边缘。这样的设计构思是为了便于从山下远距离观赏，以使这些建筑显得更加宏伟壮观。据说，参加四年一次的泛雅典娜节的人们在上山朝拜之前要先举行一个大型集会，然后长长的游行队伍绕着阿克罗波利斯山环行一周，人们仰望山顶那些巍然屹立的神庙，心中升起对

雅典城的保护神雅典娜的青铜像

神灵无限的崇敬和对强大的雅典无限的热爱。

当然，卫城的建筑绝不是单纯为了供人观赏的，他们都有着实际的功用，这些建筑共同组成了雅典的市政中心。同时，在战争爆发的时候，这里是雅典市民最安全的藏身之所，而当和平的阳光照耀在卫城建筑群屋顶的时候，屋顶下的人们不再惊恐万状，他们开始在这里祭祀心中的神灵了，他们总是把一片赤诚袒露在神的面前。

卫城建筑群中最恢弘，也是希腊本土上最大的庙宇便是帕台农神庙。它建于公元前447年，9年之后，即公元前438年完成了建筑的主体部分，又过了7年，才随着神庙雕刻的完成最后竣工。这座建筑的设计师是伊克提诺和卡利克拉特。帕台农神庙高高地耸立于阿克罗波利斯山顶南沿，气势雄伟，起着统揽全局的

俯瞰雅典卫城

帕台农神庙

帕台农神庙内部

帕台农神庙局部雕刻

作用，其他建筑则处于陪衬地位。神庙呈长方形，建在一个70米长、30.5米宽的基座上，46根糅合了多立克和爱奥尼式的大石柱托举起巨大的屋顶。它的大殿有59米长，21.6米高，建筑材料均为质地坚硬的大理石，粗壮、结实，但当你站在恰当的角度和距离上观赏它的时候，你会发现它的线条是那样的洗练，使整个建筑看上去一点都不显得笨重和呆板，它庄重而秀雅，恢弘而精巧。在建筑的设计构思上尤为令人惊叹的是，据精确测算，那些巨大的石柱并不是垂直于地面的，柱与柱之间也并非相互平行，而是整体向内倾斜。按照倾斜的角度，这些石柱的延伸线将在2千米之外交会。倘若石柱是完全垂直于地面的，反倒会让人产生一种视觉误差，觉得那些柱都是向外弯曲的，而这一设计使得神庙看上去是那样坚实、平稳。另一独具匠心的构思是，神庙的地基也有意设计成中间略高，四周渐低的非水平地基，这样，从远处观看时神庙便显得平衡、敦实，否则会产生一种扭曲的感觉。

雅典娜女神像

而庙内那些价值连城的雕刻据说是菲迪亚斯和他助手的作品。但遗憾的是今天我们所见到的已不是菲迪亚斯的原作了，那是多年之后人们制作的复制品，原作由青铜、黄金和象牙雕刻而成。那些昂贵的材料成为它后来惨遭洗劫的原因，当一帮贪婪的入侵者冲进神庙之后，这些雕刻已全然不再是艺术品了，在他们眼里这是一堆可以兑换成货币的贵重材料。

雅典娜女神塑像就矗立在大殿的正中，离屋顶不到9.1米，显得格外高大。这座雕像以及其他的雕刻，还有整个庙宇后来都在战争中遭到了极大的破坏，如今，留给我们的只有石柱、四壁和屋顶，还有三角形山墙上与真人大小相仿的石雕像，在庙宇四周的檐下还有一段长159.7米，高1米的石檐壁。隔着岁月的尘烟，雕刻其上的各种传奇人物至今依稀可辨。可以想象，当初它们完整地呈现在人们面前的时候，它的艺术魅力是怎样地让人倾倒。难怪那位18世纪意大利古典主义雕刻家坎诺瓦会感慨地说，其他所有的雕像都是石头做的，只有这些才是有血有肉的。

石檐壁上刻有泛雅典娜节上的一些场面，体育活动中的赛跑、跳远、掷铁饼、赛车等都有生动的表现。在节日的最后一天，雅典人倾城出动来到女神庙里，将一件橘黄色的长袍献给女神，长袍是由雅典的童女织成，以此表达对女神的虔诚与崇拜。这些细节在神庙的雕刻上都有所表现。泛雅典娜节在希腊人的心目中是最神圣的节日，不知是巧合还是有意为之，工期长达10年的帕台农神庙正好是在公元前438年泛雅典娜节的最后一天落成的，帕台农神庙从此开始迎接络绎不绝前来朝拜的人们，直到公元3世纪，前后长达7个世纪。

帕台农神庙以及其中珍贵的雕刻后来饱受战火蹂躏，一部分已荡然无存，有关这些，我们将在另一些篇章中加以介绍。

作为卫城的主题建筑，帕台农神庙当之无

帕台农神庙局部雕刻组图

伊瑞克提翁神庙

胜利神庙的雅典娜浮雕

胜利神庙的大理石狮首雕刻

愧，人们从它的身上读到了雅典战胜波斯人入侵和雅典作为希腊政治、经济、文化中心的骄傲与自豪。除了荣耀，作为提洛同盟的财库和城邦的档案馆，它还发挥了不小的实际功效。

伊瑞克提翁神庙的位置在帕台农正对面的山顶台基北沿，两者相距只有40米，建于公元前421年，15年之后完工。它是已经十分成熟的爱奥尼柱式的成功典范。伊瑞克提翁神庙除了祭奉伊瑞克提翁，也祭奉保护神雅典娜和海神波赛冬。它最具特色的是它与众不同的柱，当你走近它时会惊讶地发现它们不是普通的石柱，而是6尊少女雕像。她们神情端庄，面目清秀，丰满健康，建筑师和雕刻家巧妙地将承重和装饰功能结合在了一起，令人叹服。而当你一想到那么沉重的一个屋顶千百年来都压在这些美丽柔弱的少女头上的时候，你不免会心生一丝怜惜。

此外，宏伟的多立克山门和气势盛大的胜利神庙等也都极有创意，并各具妙处，它们与帕台农神庙一起完成了卫城那无与伦比的建筑组合。古罗马传记作家普鲁塔克曾经这样写道：“伯里克利时代的建筑物在短短的时间建造而成，经过悠久的岁月仍不

胜利神庙远景

失其价值，因此更值得赞美。每一座建筑物都是如此的美丽，使人觉得它们从太古时代就屹立在这里，而它们却充满了生命的欢欣，直到今天，仍散发着动人的朝气……”

雅典卫城的建筑从来都像雅典的天空那样，永远充满着明朗与欢愉的情绪。尽管它饱经战火，遍体鳞伤，作为物质的实体，它颓圮了，但那种昂扬的意气却从未断绝地从它的身体中袅袅散发。

气势盛大的胜利神庙

3. 混凝土 · 拱券技术 · 古罗马城

罗马图拉真纪功柱高30.5米，上有螺旋式大理石浮雕，纪念皇帝的功绩。

“有一种粉末，它在自然状态下就能产生一种惊人的效果，它产于巴伊埃附近和维苏威山周围各城镇。这种粉末在与石灰和砾石拌和在一起的时候不仅可以使建筑物坚固，而且在海中筑堤也可在水下硬化”。

这是古罗马一部著名的建筑学专著《建筑十书》里的一段话。从作者的描述中我们不难猜出他所说的是一种什么样的东西，那种粉末很显然是火山灰。罗马有着许多活火山，维苏威山就是有名的活火山，这些火山所产生的大量火山灰含有丰富的火山灰质硅酸盐，是水泥的一种。当聪明的古罗马人将石灰和砾石与这种粉末混合在一起的时候，一种崭新的建筑材料诞生了，这就是混凝土。我们对混凝土诞生的历史了解不多，是什么人在什么时候认识到火山灰的特性并将石灰、砾石与之混合，然后产生出独特功效的？我们不得而知。我们只知道它在公元前1世纪的时候就已经在建筑中被广泛应用，其衍生的混凝土技术也已十分成熟。

今天我们对混凝土这种普遍使用的建筑材料和混凝土建筑技术早已司空见惯，似乎并没有觉得它有多么的重要，但在两千多年前的古罗马时期，它的出现却是非同寻常的，它给人类的建筑方式带来一场革命性的变化，具有划时代的伟大意义。就像油画

古罗马的卡拉卡拉大浴场遗址

的发明对于绘画艺术所产生的影响一样深远。

在火山灰中加入不同的成分可以构成强度不同的混凝土，用于建筑的不同部位，承受重力越大的部位所使用的混凝土强度越大，反之则越小，一般多层建筑中，混凝土的强度从下往上次第减小。加入火山灰中的主要成分被称为骨料，骨料有粗骨料和细骨料两种，粗骨料多指碎石和砾石，构成混凝土的基本骨架；细骨料一般指沙子，用以填充粗骨料之间形成的空隙。

混凝土成型的过程我们都很熟悉，模板能够很容易地完成所需的造型。在混凝土问世之前，建筑的基本原料多为石头，石头的运输、取料、雕琢等工序相当耗时，石块与石块要严丝合缝地拼合在一起，甚至还有造型上的特殊需要，因此对技术的要求也相当的高。而混凝土材料及技术的运用使这一切都变得简单起来。这就使仅仅作为劳动力被使用的奴隶也能胜任建筑工程中的这种“简单劳动”，从而大幅度降低了劳动力成本，同时，混凝土的构成材料造价也较石料更低，这就使在同等投入的情况下能够造出规模更大，质量更高的建筑，而且工程进度大大快于以往。古罗马的许多宏伟壮丽的大型公共建筑的建设工期都非常短，大角斗场只用了5年时间就建成了，卡拉卡拉浴场耗时6年，不可思议的是戴克利先浴场竟然只用了1年时间便竣工投入使用，万神庙稍长，也不过10年时间。它们都成为古罗马城永恒的象征。

很难想象，如果没有这项技术的发明和由此衍生出的拱券技术的广泛应用，还像古希腊人那样一锤一凿地敲打石块，宏伟的罗马城不知要等到何年何月才能建成。正是这一技术的革新使罗马城发生了巨大的变化。据史料记载，公元前64年的7月18日，一场大火从罗马城中心燃起，仿佛火烧连营，那些建筑密集的居民区变成了一片火海，大火烧了9天9夜，三分之二的罗马城化为灰烬。其时，皇帝尼禄并不惊慌，不但不惊慌，传说他还在夜里远远地观赏火光冲天的壮观场面。而光是这么观赏还不够浪漫有趣，尼禄专门请了乐师弹奏七弦琴，他还和着琴声引吭高歌。这场大火在尼禄眼里哪里是什么灾害，简直就是一场美丽的焰火表演。旧罗马在琴声与火光中涅槃，尼禄心里不禁一阵窃喜。这位对建筑有着浓厚兴趣并希望在城市建设上有所建树的皇帝，终于在即位10年之后等来了这个重建罗马的千载良机。

尼禄的为人我们实在不敢恭维，他是历史上有名的暴君，他曾杀死自己的母亲和妻子，甚至连他的老师也没有放过。有关罗

罗马天使古堡

古罗马市场遗址

马城的那场大火的传说还有另一种版本，据说是尼禄暗中指使他人所为，目的在于为他对创造一个能够满足他建筑嗜好和再建罗马捞取政绩的机会。不管尼禄在历史上是怎样的一位人物，但他的确给罗马带来了新生。当这位臭名昭著的暴虐之君最终众叛亲离，走投无路而自尽的时候，一座崭新的罗马城已经从那片烧焦的废墟上拔地而起，而这只用去了短短4年的时间！

崭新的罗马城与以往截然不同。罗马城的重建成为一项庞大的系统工程，它从整体布局到细节处理都考虑得十分周全，街道变得笔直宽阔，临街建筑新颖美观，在整个城市的排水、消防等相关系统的设计和处理上也独具匠心。罗马城变得更加卫生、整洁、安全和美丽了。尼禄建造的卡拉卡拉公共浴场还成为罗马拱券结构最高成就的代表建筑之一。曾有一位名叫马歇尔的古罗马讽刺诗人发出过这样意味深长的感慨："有谁会比尼禄更坏？又有什么比尼禄的浴场更好？"无独有偶，18世纪的英国历史学家吉本曾把那些豪华的浴场看作是古罗马最终走向衰亡的根源之一，但他也承认这些建筑中也蕴涵着古罗马帝国不朽的伟大创造精神。

建于公元315年的罗马君士坦丁凯旋门

现在我们应该可以理清一个逻辑关系了，那就是，混凝土的出现使拱券技术应运而生，拱券技术又使建筑发生了一次深刻的革命，而这场革命所创造的第一个了不起的成果就是由无数宏伟壮丽的伟大建筑组成的古罗马城。

所谓拱券，是指桥、门等建筑上筑成弧形的部分。拱券技术之所以被称为革命性的技术，是因为它的确具有相当的优越性。在此之前，建筑的形制主要依赖于梁柱，而拱券技术则不需要以密集的梁柱来支撑重量，它所形成的较大的跨度，为建筑内部腾出了更大的空间，使建筑的有效容量增大，人们的许多室外活动都可以在室内进行，从而避免了天气等因素对活动的影响。室内空间的拓展和室内活动的增多使建筑的内部空间艺术也随之迅速发展。建筑师们更愿意在建筑内部的艺术表现力上下工夫，而不像以往的建筑，多注重将艺术手段展现在外部。拱券技术与空间艺术发展到成熟阶段的典型实例便是以卡拉卡拉浴场为代表的公共浴场，这时拱券技术已不仅是单一的空间结构艺术，而是多种拱券结构有机组合为表现主题服务的艺术了。

拱券技术虽然更加注重内部的艺术表现力，但它所带来的变化依然是全方位的，从外部我们也能看到一些全新的艺术表现形

建于公元203年的罗马塞维鲁凯旋门

塞维鲁凯旋门局部

希腊塞萨洛尼基的历史建筑

式。券洞就是一种创新，它融入了柱式的因素，但又与之大为不同，典型的古希腊梁柱式结构呈方形，而券洞则呈弧形。券洞后来发展成了连续券和券柱式，它的造型别致，表现力很强，在各种建筑中应用广泛。凯旋门便是单跨的券洞建筑，而大角斗场则是连续券洞结构的成功范例，一共有240个券洞。

除了券洞，还出现了拱顶和穹顶，建筑的外部形状因为这些曲线造型方式的使用变得更加活泼、多样。许多个世纪之后，它被伊斯兰世界所发现，并成为伊斯兰建筑的主要造型方式。曲线不仅在圆弧、圆球的造型上被成功应用，人们还把它引进到平面建筑形式当中，17世纪意大利兴起的巴洛克建筑或多或少受到了它的影响和启发。

随着拱券技术的产生，一种前所未有的全新建筑形式出现了，这就是角斗场。角斗场的形制脱胎于剧场，剧场是古希腊人

罗马人开凿建造的加尔桥充分体现了罗马帝国建筑的辉煌气势和精湛的工艺技能

的发明，剧场的选址最首要的条件便是山坡，山坡成为梯级看台的依托，而古罗马人应用拱券技术，在借鉴剧场建筑形制的基础上对其进行了大胆的改革与创新：他们把两个通常为半圆形的剧场扣接在一起，形成一个圆形的“剧场”，使人与人、人与兽的格斗在中间留出的表演区里进行，当然也可以用做戏剧的表演场地，但那时人们普遍对观看死亡表演更感兴趣。更为奇妙的是，拱券结构使角斗场的选址完全摆脱了以往必须依赖于山坡的局限，人们可以在任何他们觉得合适的地方建造角斗场。角斗场那些由低到高的观众席安放于拱券骨架上，而不再是山坡上。

既然角斗场可以在毫无依傍的情况下依靠拱券技术构筑起来，那么一座城市也同样可以如此。城市的选址要受诸多因素的制约，供水首当其冲，它决定着城市的规模和人口的多寡。以往城市大多建在水源充足的地方，但这些地方其他方面的条件未必

阿波罗神庙后面的露天大剧场

优越，比如地形、土壤、交通等等。但拱券技术的应用使这些问题迎刃而解，完全不必把水源作为优先考虑的因素，水源不足可以通过架设输水道加以解决，当时供给古罗马城用水之需的水道达14条之多，每天可向罗马城输送160万立方米的清洁用水。古罗马城建在一片丘陵之上，城市规模并不算大，但它的人口最多时曾一度达到100多万。拱券技术不仅使人工引水成为可能，更使地形改造变得简单，人们可以随心所欲地按照理想中的蓝图来打造自己的城市。西谚说，条条道路通罗马，这不但说明罗马交通便利，更说明罗马是当时最繁华、最美丽的城市，它几乎成为人们心目中的世界中心，无数的人们对它心向往之。

古罗马的确是一座伟大的城市，从奥古斯都时代起便初显它将来作为一座“永恒之城”的不凡气度，此后500年，直至帝国覆灭，对建筑充满热情的罗马人始终不断地在为它的美丽添砖加瓦，使它日臻完美。

古罗马人应用拱券技术，把两个通常为半圆形的剧场扣接在一起，形成一个圆形的“剧场”，即大角斗场。

4. 演出死亡的地方

我看到一个角斗士倒在我的面前，
他一手撑在地上——他威武的脸
显得视死如归，而把痛苦熬住，
他垂着的头渐渐地、渐渐地倒下去，
从他肋下鲜红的大创口，最后的血液
缓缓地溢出，重重地一滴滴往下掉，
像大雷雨的最初时刻的大大的雨滴；
然后整个角斗场在他的周围摇晃，他死了，
但灭绝人性的喊声还在向那战胜的家伙叫好。

不知是什么时候，大约是在1819年或者是1820年的某一个无雨的清晨吧，当那个叫做拜伦的英国青年来到罗马瞻仰那座巨大的古角斗场的时候，他的眼前浮现出岁月深处那令人战栗的一幕，利器相击的脆响和人们的山呼海啸震颤着他的耳鼓。嗜杀成性的人类呀，为什么要把那幕残暴的活剧上演那么多个世纪？当拜伦一挥而就，写下上面那些诗句的时候，他的心中更升腾起对奴隶制、对封建专制制度的痛恨和对自由民主生活的向往。

竞技场中的角斗士

不单是拜伦，所有亲临过古罗马大角斗场的人都会有此同感。1846年，也是在一个晴朗的清晨，英国作家狄更斯站在大角斗场的看台上四下环顾，久久沉吟，然后写道："在它血腥的年代，这个角斗场巨大的、充满强劲生命力的形象没有感动过任何人，现在它成了废墟，却能感动每一个看到它的人。感谢上帝，它变成了废墟。"是的，如若不然，残杀将会继续。

发挥一下你的想象力，那血腥的场面就会从岁月的深处重新浮起……

在满耳锐利的尖叫声中，那沉重的木板缓缓启开，一束强烈的白光自头顶射来，眩得角斗士睁不开眼睛，大约半分钟他才适应了外面的光线。这时，他看见自己的对手已经站在对面离他100多米的地方，那人的装束和他一样，身披铠甲，手执长矛，

罗马大角斗场的复原模型

腰佩短刀，头戴面具。他认不出对方是谁，他相信对方也无法辨认出自己。此刻他略微感到一丝释然，如果他看清了对方的脸，恐怕就下不了手了。他们原本并不是敌人，都是卑贱的奴隶，几个月前他们被抓来这里，被训练成杀人的机器。如果要他冲向敌阵，他会毫无顾忌，但现在要他将长矛短刀刺向与自己朝夕相处的兄弟，他无论如何没有那么坚决，他特别害怕站在面前的是那个天天睡在自己旁边的小伙子，他有着一头金黄色的长发，还有一双蓝色的眼睛，他太像自己的弟弟了，父母早亡之后，是他把弟弟抚养成人，此刻他特别害怕看到的便是那双忧郁的蓝色眼睛。

但角斗士明白，谁都没有退路，一场你死我活的搏杀就要开始了。他在心里对自己说，对不住了，兄弟，要是手软，倒下的就会是我！角斗士冲了上去，他们厮杀，他们躲闪，难分胜负。不知持续了多久，双方都已筋疲力尽。观众席上，人们开始骚动起来，叫喊起来，刚才的胶着状态让观众十分过瘾，但这过程似

古罗马大角斗场遗址

乎太长了一点，他们不能忍受期待中快感高潮的姗姗来迟。他们要见到血，见到一个人结果另一个人的性命。

观众席上又是一阵狂呼乱叫，角斗士看出对手有些心慌，因为他的体力已明显不及自己，趁对方分神的瞬间，角斗士将长矛扎进了对方的胸膛……他倒在地上，轻轻地抽搐了几下便不再动弹，这时，他的面具和面部脱离开来。角斗士终于看到了那张他不愿看到的脸……那一瞬间，角斗士心如刀绞。

角斗士的铜头盔

在人们的欢呼声中，角斗士热泪满面。他杀死了自己的兄弟！他知道自己也终将被别的兄弟所杀死。他仰天长啸，声震苍穹。这声音在天际回荡，多少个世纪，久久不绝，拜伦听到了，狄更斯听到了，我们都听到了。

剑斗士的护具——头甲

这是空前绝后的暴虐！我们很难说清，创造了辉煌的罗马文明的人们，怎么会同时又创造了那么野蛮、残暴的游戏？让我们检索史料，探寻那残暴的因由。

公元前后，罗马帝国进入了繁荣时期，大半个欧洲以及北非、西亚的广阔土地都被划入帝国的版图。帝国统一之后，政治、经济、文化更加繁荣，历代帝王都有意将罗马建成一座令人骄傲的“永恒之都”，使之与泱泱帝国的地位相匹配。大角斗场就是在大规模的城市建设中诞生的一座建筑的杰作。

那时，奴隶制空前发达，奴隶被迫的无偿劳动使大批自由民丧失了工作的机会，沦为流氓无产者。他们无所事事，游手好闲，成为社会的不安定因素，并有着潜在的破坏性，所以历代皇帝对他们既恨又怕，最终还是决定以怀柔之法将其笼络，适当施以恩惠，给他们一些生活补贴，并兴建大型公共建筑，向他们提供就业的机会，还让他们免费参加一些娱乐活动，使他们顺从，并对皇室感恩戴德。于是，兴建角斗场并让他们观看人与人之间的相互残杀和人与兽的生死较量，便成为屡试不爽的绝妙招数——当人置身在角斗场，目睹那血腥的残杀场面的时候，没有人会对政治发生兴趣，他们在杀人游戏中找到了快感。

装饰铠甲的黄铜制的装饰钉

大角斗场位于罗马城中心，于公元80年落成。这里原来是皇帝尼禄“金殿”里大花园的一个湖泊，为了修建这个角斗场，8万多俘虏被集中于此进行排水作业。他们抽干湖水，填平地基，用5年时间建起了这座罗马帝国最大的椭圆形角斗场，使它成为

古罗马斗兽场遗址内部

强大罗马帝国的标志。

古罗马斗兽场遗址局部

大角斗场又叫圆形剧场，因为它看上去好像是由两个半圆形剧场对扣在一起的，大角斗场借鉴了希腊剧场的建筑方式，但又有所变化。罗马建筑受希腊建筑的影响很大，希腊剧场都是半圆形的，那时，限于技术，剧场必须依托山坡建造，形成梯级看台。这样，可以有很好的视线和音效。而到了罗马时期，建筑材料和技术都有了新的发展，混凝土的应用催生的拱券结构技术使剧场完全摆脱了依山而建的局限，可以在任何地方直接架起坡状的观众席。因此大角斗场才可能在平坦的罗马城中心拔地而起。

大角斗场呈椭圆形，如果在这个椭圆形上画两条相互垂直交叉的直线，这两条直线便叫做轴，大角斗场的长轴有近200米，而短轴有近160米，它的外围立面达50米高，而里面的观众席从下往上有60级台阶，分为5个区，能同时容纳5万人观看表演，可见其规模之宏大。当时等级制度极为森严，在观众席的分区上就有明确的体现，贵宾被安排在前面的第一区，被称为荣誉席，它们是专为长官、元老、外国使节以及祭司等地位最高的人准备的；第二区是地位次于他们的骑士席；然后依次为三、四、五区，分别是富人、普通市民和妇女的座位。角斗场中央即为表演区，面积也不小，它的长轴为86米，短轴为54米。

这个区域便是上演死亡的地方。当死亡演出拉开帷幕的时候，覆盖在地面上的几块巨大的木板开始缓缓移动，观众会看到原来地板覆盖着的地面之下是一间间的地下室，参加“演出”的角斗士、猛兽或一些制造气氛的布景预先便藏在不同的小间里。“演出”开始时，被大型的机械吊起，然后木板再缓缓合上。这时，参加表演的主角便再无任何退路，必须得有一个毙命。如果其中一个倒下，表演并未因此结束，有专门的人负责检验其是否确已死亡。负责检验的通常是些奴隶，他们用烧红的烙铁去灼受重创扑倒在地的角斗士，除非他真的死了，否则烙铁烙在身上没有人会毫无反应。这样，角斗士就不可能诈死并趁机逃脱，别的

法国阿尔勒城的古罗马竞技场遗址

途径更无逃生的可能，表演区边沿有高5米的高墙，真可谓插翅难逃。也只有断绝了角斗士侥幸逃生的可能性，他们才会拼死一搏，表演自然就更加精彩了。

为了确保角斗士在激烈搏杀时不因意外滑倒而让对方轻松取胜，从而影响表演的精彩程度，表演区的地面上事先铺好了一层细细的沙土，为的是增大摩擦系数。沙土的另一个作用在于能充分地吸干死伤者的鲜血。

这座盛满了贪欲与残暴的角斗场的确吸干了难以数计的无辜奴隶的鲜血。单说公元80年为大角斗场落成而举行的长达100天的庆典，就使3000多名角斗士命丧于此，5000头猛兽死于非命。自此之后长达300多年的漫长岁月里，这里不知进行过多少次惨绝人寰的残杀，直到公元407年，人与人之间的残杀才被禁止，100年之后，人与兽之间的搏杀被宣告非法。人类一个黑暗野蛮的时期终告结束。

希腊埃皮道鲁斯古迹的圆形剧场遗址

古罗马帝国鼎盛时期的一幅镶嵌画

古罗马大角斗场高难的技术性、高度的适用性以及高妙的艺术性使它成为一座建筑的杰作，更成为古罗马的象征。据说有一位朝圣者曾面对它大声地咏叹：“只要大角斗场屹立着，罗马就屹立着。大角斗场颓圮了，罗马也就颓圮了。罗马都颓圮了，世界也便颓圮了。”

作为人类的建筑遗产，大角斗场无疑是伟大的，它不仅是罗马，更是人类一个繁荣时期的见证。无数个世纪以来，它一直在启迪着后世建筑师们的灵感，它那穿越时空的建筑的精髓依然造福于今天的人们。

同时它又成为人类野蛮与残暴的耻辱柱。那凋敝的巨物像冤死者的尸骸，废墟上旺盛的荒草仿佛为浸入泥土的鲜血所哺育。那万人欢叫的场面早已不复存在，游弋于那些石柱、券洞与环廊间的只有时间、风以及无数的冤魂。

5. 废 墟

在漫长的人类发展史上，我们的祖先创造了辉煌的文明，各民族都留下了无数文明的遗迹。艺术是一个国家和民族灵魂的展现，我们可以从中看到我们历史的进程和文明发展的脉络，但今天我们所见到并引以为豪的艺术品却只是其中极少的部分。那些辉煌的见证，已经被岁月、战火与愚昧无情地摧毁和掩埋。

在遥远的古代，我们的先人就已经表现出在建筑艺术方面的惊人才华和智慧，世界七大奇观就是其中杰出的代表。但今天，除了埃及金字塔，有谁见过奥林匹亚的罗马主神像、以芙所市的黛安娜神殿、哈里加尔索斯的马索斯王陵、罗德斯岛的赫利亚斯巨像、亚历山大的灯塔以及巴比伦空中花园的全貌？它们有的早已面目全非，有的根本就已不复存在。我们只有依据一些文献和传说，想象它们当年恢弘与壮观的气势。严格地说，如今我们所见到的埃及金字塔远不是它原有的模样，在建成后漫长的岁月里，它曾遭到过无数次的浩劫，只是因为它自身的庞大与坚固，或是胡夫法老那句震人心魄的咒语，让企图进入墓穴搅扰他灵魂安宁的人望而却步，才最终使它免遭灭顶。

也许你会说，就是没有人为的破坏，它也禁不起岁月的磨砺。但你听说过“人最怕时间，时间最怕金字塔”这句话吗？如

埃及吉萨高地的金字塔

埃及开罗的穆罕默德·阿里清真寺仿效土耳其伊斯坦布尔蓝色清真寺而建

埃及底比斯古城的卡纳克神殿位于尼罗河边缘

卡纳克神殿内的一排公羊头斯芬克斯雕像

卡纳克神殿庭院内仅存的一根完整石柱

果你理解了这句西谚的含义就不会这么说了。对于金字塔这样的庞然大物，其实时间不能把它怎么样。时间做好了与金字塔长期作战的准备，初步计划用1000万年先剥蚀它表面的那层小石块，然后再另做打算。然而，当金字塔矗立于天地之间尚不足3000年，这层小石块便已经不翼而飞。这可不是时间老人突然变得性急而改变了主意，而是“得益”于一群阿拉伯人的“帮助”。他们一时心血来潮，跑到开罗来修建清真寺，可是他们并不打算投入多少的财力和人力，这块土地上许多东西都是现成的，比如石材。在他们眼里，位于开罗附近尼罗河畔吉萨高地的那些巨大的三角形石堆就是他们取之不尽的成品石材仓库。这群力大无比的人没费多大的功夫，就获得了最为优质的石料——金字塔表面的小石块。这些用于保护金字塔，使其免遭风雨烈日侵蚀的石块，是建造者们当初精心挑选的最坚硬的石材经切割、打磨而成的。但是，这层时间也奈何不得的坚硬外衣，却被阿拉伯人的利斧轻易地撬开了！金字塔，这个伤痕累累的巨人，如今虽然依旧挺立，但终有一天它会在悲伤交集中轰然倒下，也许2000年，也许只需要等1000年……

埃及底比斯古城王室陵墓远眺

在埃及，惨遭厄运的还不止金字塔，可以说古代绝大多数的宫殿、神庙均遭到了不同程度的破坏。这当中既有外族入侵造成的创伤，更有古埃及人的不肖子孙带来的巨大灾难。他们对待自己传统和艺术的态度十分漠然，似乎与己无关，尤其是那些国王们，他们放着好好的日子不去享受，却一辈子都在忙着为自己修建坟墓，把整个埃及变成了一个巨大的坟场。在这些浩大的工程中，一些先祖留下的伟大建筑惨遭毁灭，只要他们看中了一块风水宝地，不管上面矗立着什么样的建筑，都会统统推倒重来。

他们也为自己建造宫殿和神庙，费时耗力，劳民伤财，但是古埃及单纯而聪明的工匠和艺术家们却几十年如一日（有的甚至是几代人），一丝不苟地工作，创造了无数宏伟、精美的建筑，今天依然幸存的卢克索神殿和卡纳克神殿就是其中的代表。卡纳克神殿因其规模浩大而为世人所知，它大得可以轻易地装下巴黎圣母院。卡纳克神殿同时还是世界上最大的用石柱支撑的寺庙，那些粗壮、密集的石柱在那里站立了几十个世纪，石柱上的雕刻今天看上去依然清晰可辨、精美绝伦。可以说，埃及在雕刻和绘画方面的成就世界一流，没有哪一个民族能像埃及那样在漫漫

底比斯古建筑圆柱上的象形文字

4000年岁月里绵延不断地创造出不朽的艺术。

然而，埃及人创造艺术，也践踏艺术，那些宫殿和神庙刚刚建好，国王们又突发奇想，下令推倒重建，他们从来就不懂得珍惜金钱和艺术家们的作品。同样，他们的后代也会随心所欲地推倒他们的宫殿和神庙，而在原址大兴土木。这样，新的建筑取代了旧的建筑，新的文明覆盖了旧的文明，我们最终看到的只是埃及文明的一鳞半爪和艺术大厦的残垣断壁。

对埃及艺术的破坏不仅来自于王宫，也来自于民间。实用主义的思想和现实利益的诱惑，使埃及艺术雪上加霜。那些考古学家和研究埃及艺术的专家们经常被一些奇怪的现象搞得一头雾水，他们分明确认那座神庙是公元前2500年所建，可它怎么又会有一个2000年前修建的前脸呢？明明是1500年前树立起来的一排石柱，怎么当中竟夹杂着一根具有公元前1000年风格的柱子呢？专家们一时不知所措。仔细研究之后的结果令他们哭笑不得。他们不明白，这种偷梁换柱、张冠李戴的无知又滑稽的举动，竟然是那些创造了辉煌艺术的埃及人的后代亲手所为！

这样的悲剧不仅发生在埃及，世界各地均有发生，不仅出现于古代，现今也还在重演。而中世纪是最为严重的一个时期，那些不把传统和历史文化遗迹当回事的人们，总是振振有辞地说，不能因为有那么几个专家要对那些古迹进行研究，就不让他们对

底比斯古城王室陵墓前的雕像

古埃及建筑的杰作——哈特谢普苏特的葬仪殿

古迹进行重建和按照他们的方式加以改造，更不能因为专家们要死守那些毫无用处的美学理论的教条而影响他们享受生活。他们认为生活是最重要的，只要他们觉得舒服，就不会顾及将对那些古迹造成多大的损害。他们可以异想天开地把罗马的圆形露天剧场变成一个供人们吃喝拉撒睡的生活小区；在哥特式教堂外的柱子间搭起无数间简易的房子，变成可供出租的店铺；还会在古老的天主教堂的中心盖上两个基督教的礼拜堂；他们不会觉得在12世纪的罗马式塑像上装上一个哥特式的艺术脸谱有什么不妥；他们还会觉得在巴洛克风格的客厅里放上一排洛可可时期的沙发是一个了不起的创新。如此一来，若干年之后，我们谁也不知道它们原来的模样，更不清楚当初创作者的意图。数不清的艺术珍品就这样被改头换面，变成了不伦不类的艺术怪物。

更为可怕的是战争。它给艺术带来了一次又一次的浩劫，留给我们的是一个又一个的废墟。上面我们提到过卢克索神殿，这

弗朗索瓦·查尔斯·凯西尔在随拿破仑东征时用水彩记录下的卢克索神庙当时的情景

座由阿孟霍特普三世于公元前15世纪中叶前后修建的庙宇，在公元前4世纪的时候曾遭到过一次不小的破坏。那时，拉梅塞斯二世正在对它进行修复，这时，那位先贤亚里士多德的得意门徒——马其顿国王亚历山大大帝金戈铁马地杀来了。他以一种胜利者的高傲神态审视着这里的一切。他站在雄伟的卢克索神殿前眯缝着眼睛端详了许久，他决心在他征服的这片土地上留下自己的神威和抹之不去的痕迹。于是叫来他的建筑师，口授机宜，重新设计了改建神庙的方案。我们不知道后来还有谁对这个伟大的作品动过手脚，总之，在亚历山大大帝光顾之后，卢克索神殿便已失去了原有的风采。

我们再来看看雅典，这个公元前5世纪到公元前4世纪爱琴海地区强大的奴隶制城邦，曾创造了辉煌的文明，特别是伯里克利时期，文化艺术成就更达到了一个高峰，并对罗马和后世的欧洲产生了极大的影响，但它依然没有逃脱战争的摧残。公元前480年，波斯军队攻入雅典，古老的卫城首当其冲，瞬间墙倒柱坍，顿成废墟。雅典人不屈不挠，又在这个冒着硝烟的废墟上重建了自己的家园，很快成为了各独立城邦中的佼佼者，并将这些城邦统一到自己的旗下，成为了一个统一的国家，那就是强大的希腊。

在雅典文明的鼎盛时期，雅典城建起了许多以帕台农神庙为代表的宏大建筑，雅典的艺术家们将自己精心雕刻的神像安放在这些神庙当中，雅典娜女神像就是其中最出色的一尊，据说这是当时最负盛名的建筑师和雕刻家菲迪亚斯的作品。这是一尊合成雕像，内部由木架支撑，外面包裹着一层类似石膏的材料，最外面镶嵌的是一层象牙片，女神的衣服是用黄金做成的，身上坠满了各种昂贵的饰物。当然，这些东西在一群劫掠者的眼中只会是黄金和钞票，而绝不可能是价值连城的艺术品，其结果可想而知。神庙最后只剩下带不走的石柱、墙壁和屋顶。山墙上的雕像也已是身首异处，只有几个雕像的头部劫后余生。

帕台农神庙代表古希腊多立克柱式的最高成就，为列柱围廊式。

1687年，威尼斯军队围攻雅

希腊雅典卫城的废墟成为文明史上永难愈合的创伤

德尔菲是希腊最神圣的地方，是著名的神谕宣示场所。

典，守城的土耳其人把帕台农神庙当成了火药库，几天以后，威尼斯军队的炮火击中了神庙，引爆了神庙里的弹药，霎时间300名士兵的性命与帕台农神庙一起飞上了蓝天。随后，威尼斯军队的首领拆走了幸存的波赛冬雕像，并在运输途中将其摔成了碎片。在19世纪初爆发的希腊战争中，雅典卫城又一次变成了硝烟四起的战场，政治家伯里克利和建筑师、雕刻家菲迪亚斯亲密合作并精心打造的艺术圣殿毁于一旦。

雅典卫城饱经战火，屡遭劫难，它的废墟成为文明史上永难愈合的创伤。那些散落的艺术杰作的残骸，是留给大地和人心永远的痛。

我们再把视线转到另一个古老文明的发祥地——美索不达米亚平原。那里，奔腾的底格里斯河与幼发拉底河蜿蜒而过，形成一个水草肥美、景色迷人的冲积平原，《圣经》中描述的伊甸园就是这个美丽的地方，这块宝地成为那些厌倦了漂泊生活的游牧民族向往的乐园，也成为兵家必争之地。各游牧民族之间为此进行了长达4000年的征战，争夺这个仙境般的“伊甸园”。征战的结果是谁都没有成为这块土地真正的主人，他们轮流坐庄，频频易主。先是苏美尔人发现了它，并定居下来繁衍生息。后来，一个来自阿拉伯荒漠的大胡子民族闪米特人打败了文质彬彬、不留胡子的苏美尔人，占领了两河流域。再后来又为巴比伦人所占据，并在汉穆拉比王的统治下迅速崛起，成为一个强大的帝国。之后，相继有喜克索人、赫梯人、弗里吉亚人、亚述人和波斯人在此建立他们的王国。这些民族虽然都在这块土地上创造了了不起的文明，但连绵不绝的战争也使它屡遭蹂躏，没有留下多少可供后人凭吊的文明遗迹。今天，我们只能从那位公元前5世纪希腊历史学家希罗多德的《历史》一书中，去想象当年帝国宫殿的富丽堂皇、神庙的宏伟壮丽、教堂的巍峨挺拔以及巴比伦城车水马龙的无尽繁华。

在凶猛剽悍的波斯人的重击之下，古老的两河文明渐趋衰落。今天，人们在这块孕育了天文学、数学以及《圣经》中许多神奇故事的土地上，只看见无垠的黄土和黄土中依稀可辨的废都。除了考古学家提供的有关这块土地上灿烂文明的大量文字和少量图片以及实物资料之外，我们只知道这里富藏石油，盛产椰枣，降水稀少，土地干涸。

文艺复兴时期的伊甸园（勃鲁盖尔 1620年）

6. 圣索菲亚大教堂

圣尼古拉斯、马卡尔院长和君士坦丁一世（手抄本装饰画）。

拜占庭这个词语，有时是作为一个古老城市的名字，有时则是作为留存在我们记忆之中的一个漫长的历史时期。说它古老，是因为这座今天名为伊斯坦布尔的城市，公元前7世纪就已经存在了。历史上它曾经是罗马帝国、拜占庭帝国（即东罗马帝国）和奥斯曼帝国的中心，它还有一个名字，叫做君士坦丁堡。说到这里，作为一个漫长历史时期的拜占庭也就不言而喻了。在这样一个地方，在这么漫长的岁月里产生一些让人炫目的艺术珍品也就在所难免。

这个时期的艺术是与基督教艺术相结合的官方艺术，宣扬基督教神学和崇拜帝王成为拜占庭艺术的核心和基本特点，是政教合一的精神统治的产物。同时，欧亚各民族的文化、艺术在拜占庭这座世界上唯一横跨欧亚大陆的城市里，顺理成章地欣然相遇——晚期的罗马艺术与小亚细亚、叙利亚以及埃及艺术在这里水乳交融，基督教和伊斯兰教艺术也在这里杂糅、繁衍。因此，拜占庭在艺术风格上则呈现出浓厚的东方色彩。

圣索菲亚大教堂就是这一时期宗教艺术和东西方艺术大融合的典范之作，它代表着拜占庭建筑的最高成就。史籍告诉我们，这座占地面积7570平方米，圆顶周长32米，高55.6米，并拥有107根支撑圆柱的教堂是在东罗马帝国繁荣时期建成的，当时君士坦丁大帝迁都于此，并以自己的名字重新命名了这座城市。公元325年，君士坦丁大帝为了供奉智慧之神索菲亚，便修建了这座宏伟的教堂，名为圣索菲亚大教堂。但是，后来这座教堂却不幸坍塌。据记载，圣索菲亚教堂毁于一场大规模的平民暴动，这场暴动使君士坦丁堡的许多重要建筑都被大火焚毁。现在我们所见到的圣索菲亚大教堂则是在被焚毁的教堂原址上重建起来的。那是查士丁尼大帝的功绩。公元532年，平民暴动平息之后不到50天，查士丁尼大帝就开始了教堂的重建工作。他首先以重金聘请了当时小亚细亚一批最有影响的设计师对教堂重新进行了规划设计。查士丁尼本人也参与了教堂的设计，他是一位霸气十足的帝王，也是一位博学之士，对哲学、文学、神学以及音乐都颇有研究，他后来又对建筑发生了浓厚的兴趣。在圣索菲亚大教堂的重建过程中，他的意见起到了重要的作用，他决定将新的大教堂建成具有纪念性的大型建筑，以颂扬他的统治。大教堂采用了大穹顶覆盖之下的集中式与拱券结构相结合的建筑形式，而摒弃了原有的巴西利卡形制。在建成以后长达9个世纪的漫长岁月里，圣索菲亚大教堂当之无愧地成为了基督教的宫廷教堂。

圣索菲亚教堂可以说是拜占庭式建筑特点的集中体现。它很好地将原来拜占庭式的广场布局和圆顶十字架结构与奥斯曼帝国的建筑风格有机地融合在一起。我们知道，罗马人曾经从伊鲁特人那里学到了建造拱顶的方法，他们将其融合到了自己的建筑当中。而在圣索菲亚大教堂的建造过程中，拜占庭人却匠心独运地将圆形屋顶扣在一个方形的墙基底座上，改变了以往将穹形屋顶放置于环行墙基上的做法，并十分巧妙地解决了其中的技术难题。建筑师冥思苦想产生的用墩柱托举拱门，拱门再托起圆形屋顶的构思，使建筑浑然一体。据说这是由一名叫做安西缪斯的小亚细亚数学家兼建筑师规划设计的。他精密的数学头脑给了它一

圣索菲亚大教堂集中体现了拜占庭式的建筑特点

阳光从圣索菲亚大教堂内的圆顶和楼座拱窗照射下来，使大教堂显得金碧辉煌。

个科学而严密的结构，他建筑师的思想又给了它一个巧夺天工的造型。同时，在内部装饰上也颇下了一番工夫。整个墙体由红色装饰板和镶嵌有图案的黄色及绿色大理石组成，而柱头、柱脚、过梁和横饰带，则被装饰得比过去更加华丽、高贵，显得金碧辉煌，气度不凡。此外，其结构也比过去更加科学，因而变得更加坚固、雄壮了。在经历了一千多年的风雨磨砺之后，至今雄姿犹存。

铸有查士丁尼一世头像的金质奖章（公元6世纪）

然而，这座伟大的建筑却耗费了巨大的财力。据说，用去了多达14.5万公斤的黄金，动用工匠上万名，为此国库都几乎被搬空。但无论怎样，查士丁尼大帝都不会半途而废，他那将教堂建成一座不朽建筑的决心丝毫没有动摇。为此，他每天都亲临工地查看和指导，因而工程进度很快，不到6年时间，便大功告成了。公元537年12月26日，查士丁尼为此举行了隆重的落成典礼。他走进金碧辉煌的教堂，站在宽敞的讲台上环视四周，兴奋异常，他高声叫道："荣耀是上帝的！建造这座伟大的教堂是他的旨意！哦，所罗门王啊，我已经胜过了你！"

圣索菲亚大教堂内的大理石柱头，上有查士丁尼一世交织字母。

尽管这是一项伟大的工程，但当它正式起用之后，竟然已经到了无法为圣坛照明支付油钱的地步了。不过，令人们始料未及的是，意外的转机出现了。由于这座耗资巨大的建筑当初就是一个具有远见卓识的投资，它拥有一流的名气和最多最好的圣物，成为无数朝觐者心驰神往的地方，因此它获得了人们慷慨的捐赠，引来了滚滚财源。人们心甘情愿地倾囊而出，是因为这座教堂正是他们理想中与神进行灵魂沟通的圣殿，在这里，他们可以完全沉浸在对来世美好生活的无限憧憬之中。

圣索菲亚大教堂内的圆柱柱头刻纹

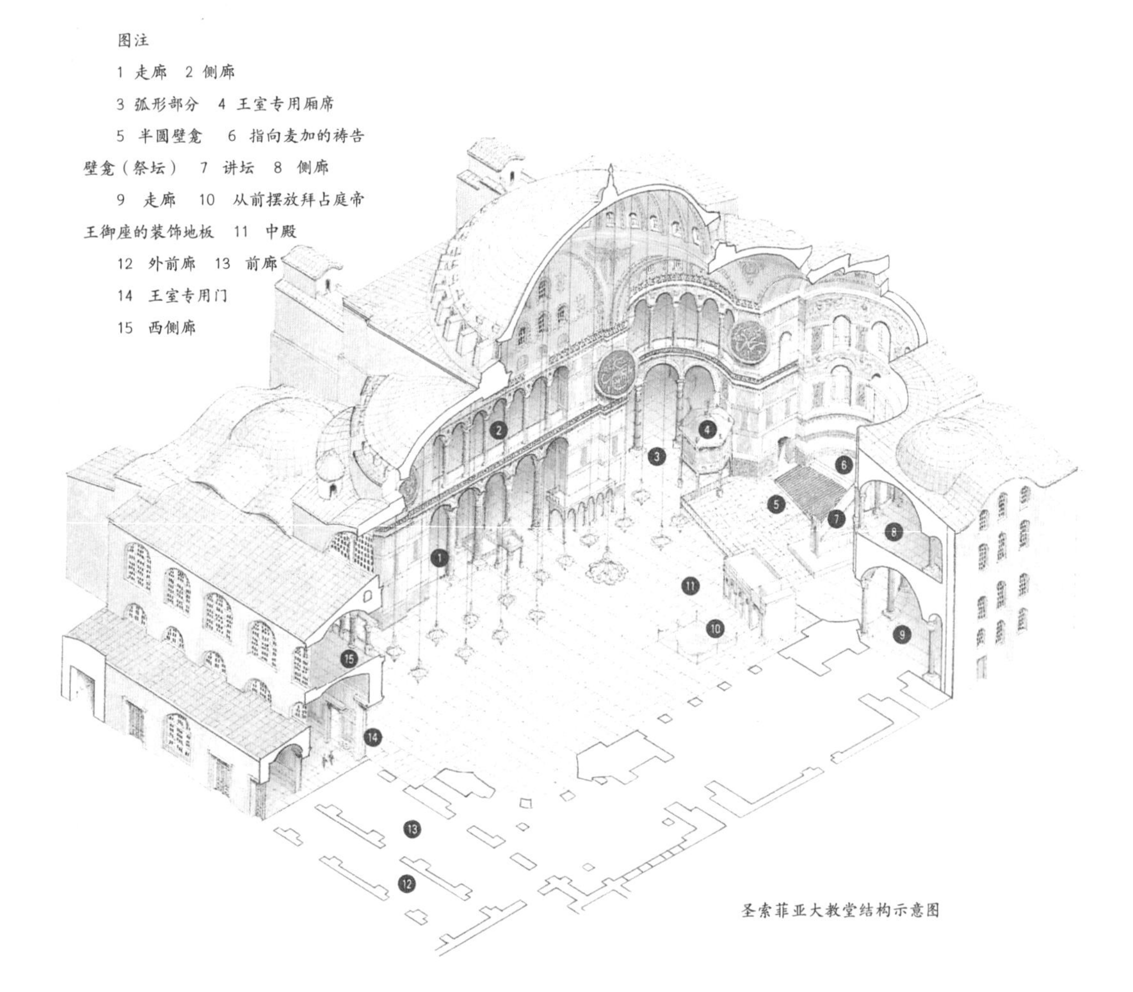

圣索菲亚大教堂结构示意图

拉韦纳圣维塔利教堂内的一幅镶嵌画，它描绘了查士丁尼一世及其侍臣。

圣索菲亚大教堂经历了无数的沧桑巨变。在15世纪中叶，对君士坦丁堡垂涎已久的奥斯曼土耳其苏丹·穆罕默德，率军攻城得手之后，将圣索菲亚大教堂的祭坛和基督教圣像搬走，并用一种涂料将教堂里用马赛克镶嵌的宗教画遮盖起来，在教堂周围修建了4个高大的伊斯兰教尖塔。里里外外一番重新布置之后，这座东正教的大教堂变成了一座清真寺。

圣索菲亚大教堂周围的四个高大的伊斯兰教尖塔

时光飞逝，到1935年，土耳其民主共和国成立之后，圣索菲亚大教堂又被改为了博物馆，教堂中被掩盖长达数百年的拜占庭式马赛克镶嵌艺术才又重放异彩。高达60米的圆形屋顶上挂着金字大圆盘，上书阿拉伯文的“穆罕默德”等字样，而更高处则是马赛克镶嵌的圣母怀抱圣子的巨型壁画。

两大宗教同处一堂，却能和平共存，十分融洽。这就是今天我们看到的圣索菲亚大教堂的独特风貌。

君士坦丁堡圣殿地板镶嵌画残片

圣索菲亚大教堂内的基督镶嵌画

在漫长的人类发展史上，各民族和宗教派别为着各自的利益与信仰征战不绝，而在这里，我们却能看到一幅和平与温暖的景象，它似乎在告诉我们，不同的利益可以变成相同的财富，有着不同信仰的人们也能成为真诚的朋友。宽容能造就一种何等美好的境界。

7. 俄罗斯教堂

我们展开地图仔细地查看，便会惊讶地发现，俄国的版图事实上比我们印象当中那块冰冷的土地更加广阔，但这片横跨欧亚大陆的广袤土地却大而无当地空对苍天，它并没有像人们猜想和期待的那样，孕育出伟大的属于俄罗斯本民族的艺术。在这个巨大而自我封闭的古老国度里生活的俄罗斯人，似乎没有一点与别的民族发生往来的兴趣，多少世纪以来他们都在这里过着自给自足的生活，他们的艺术也因此陷入了孤立而僵化的境地。

俄国虽然在现代艺术方面取得了突出的成就，但那毕竟是后来的事，而当初他们在艺术上的确无所建树。因为生活在俄罗斯广袤土地上的是一群不知所措的大个子，说他们无能不太好听，但事实上他们的确没有管理好自己国家的能力。据史料记载，他

乌克兰基辅的圣索菲亚大教堂

基辅圣索菲亚大教堂的中堂

基辅圣索菲亚大教堂的内部装饰具有乌克兰民族特色

们甚至希望斯堪的纳维亚小岛的邻居来统治自己，因为没有别人的管束他们就感到六神无主，而且他们也没有属于自己的宗教，长期以来，他们的灵魂无所依傍，过着浑浑噩噩的日子。直到中世纪，俄国统治者才终于意识到为自己的臣民选择一种宗教的必要性，于是派人到世界各国去考察何种宗教最适合他们的国情和民族特点。当睁着好奇的眼睛四处张望的考察团成员来到那个叫做拜占庭的强大帝国时，他们终于被那里宏伟的圣索菲亚大教堂所吸引，他们立即决定选择基督教作为他们的宗教，并以圣索菲亚教堂为模范建造自己的教堂。于是，在此后的数个世纪里，许多决心为基督教的传播而献身的传教士长驱直入，在俄罗斯大地上找到了用武之地。公元988年，当基辅大公弗拉基米尔接受基督教洗礼之后，第一座拜占庭风格的教堂便在基辅建成。随后，在俄国各地矗立起了一个又一个拜占庭式的教堂，其风格和造型几乎都是圣索菲亚教堂的翻版。

当时，在俄国南方地区，这样的教堂随处可见。但随着时间的推移，到16世纪初，俄国艺术逐渐摆脱了外来艺术模式的桎梏，有了自己民族的特色，并建立起独立的艺术个性，从教堂的变化上就可窥见一斑。在外来的模式为我所用多年之后的16世纪下半叶，俄国人也开始按照自己的实际需求，对教堂进行了大胆的改造。他们根据本国的气候特点将拜占庭教堂的拱顶改为了尖顶，使积雪无法存留。受阿拉伯人教堂钟形圆顶的启发，俄罗斯人又将一些教堂的屋顶设计成圆球形状，而有的教堂屋顶则同时兼容了这两种屋顶的造型风格，高、低、尖、圆，错落有致，别具一格。

而在北方地区，教堂则多为木质结构。俄罗斯森林面积广大，木材资源丰富，他们就地取材，用以搭建乡村民居和建造教堂。教堂是典型的俄罗斯圆木建筑，室内富丽堂皇，彩绘也十分丰富。

同时，在教堂的功用上也发生了一些变化。先

基辅圣索菲亚教堂内的穹顶镶嵌画

俄罗斯诺夫哥罗德的圣索菲亚大教堂和城墙

俄罗斯的木造建筑——主显圣容教堂及八角形钟楼

前教堂有供村民开会议事的功用，后来教堂还具有了在必要的时候为当地统治者充当避难所的特殊用途。同时，教堂还被建得像城堡一样坚不可摧，可以抵御剽悍凶猛的鞑靼人的侵扰。

莫斯科一直以来就是一座教堂林立的城市，如果你去到那里，你的视野必会被五彩斑斓、造型各异的教堂屋顶所占据，大的、小的、绿的、蓝的……在蓝天的映衬下显得奇幻神秘，而那些金色的各式屋顶则在阳光下闪着耀眼的光芒，恍惚间，你会觉得，这就是天国的圣景。莫斯科因此有一种说不清道不明的神秘、美丽与庄严。别说在那些虔诚信徒们的眼里它有着怎样的一种魔力，就是在凡夫俗子们的眼里它也有着不可抗拒

俄罗斯圣·瓦西里升天大教堂

巍峨、雄伟、壮观的克里姆林宫。

的魅力。当蕴涵着宗教的神秘与力量的钟声从教堂顶端悠悠地飘来，带着一股杂糅了信仰、习俗、文化、礼仪、道德、传统的美的韵律，还有那种造型的美、色彩的美和莫名其妙的美，会让你一时间不知如何是好。

俄罗斯教堂里绘画也十分丰富，从中我们可以看到俄罗斯人的精神追求。对东正教的信仰早已根植于俄罗斯人的血液和精神之中。他们相信来世，并通过绘画将其描绘得十分动人。他们在教堂里虔诚地祈祷，在一片诵经声中冥想未来，他们眼前时常会出现天堂的情景，那里，晴空万里，道路上堆金叠银，鲜花满地，人们衣食无忧，富足安康，完全没有人世的纷争与苦难，一派幸福祥和的景象。

在俄罗斯信徒的心中，教堂的那些球形的屋顶是承载他们愿望的圣器，而那直指蓝天的尖顶则是他们灵魂通向天国的桥梁。

俄罗斯的伊凡钟塔

红场是莫斯科最古老的广场，与克里姆林宫相毗连。

8. 伊斯兰教徒的精神寓所

回教圣典——可兰经

建筑是会说话的，它会告诉你它独特的身世。仅仅从外观上你也可以获知它的用途，你一眼就能看出哪是火车站哪是角斗场。你也可以很容易地区分它的民族特色，你一定不会将日本民居和丹麦农舍混为一谈。同样，文化与宗教的差异也会在建筑上体现出来，因此天主教教堂和清真寺之间的差别也是一目了然的。

伊斯兰建筑独辟蹊径，自成一派，与历史上任何时期任何民族的任何建筑都不相同，它的拱券造就了它特殊的外形，它是伊斯兰文明的独特表达。伊斯兰建筑到中世纪已经达到了一个辉煌的高度，清真寺便是最能代表伊斯兰特色的最主要的建筑样式。

公元7世纪初，当那个长着满脸大胡子的麦加人告诉那些游走在沙漠里的人们他们的灵魂将可以依傍唯一的神安拉的时候，人们沙漠般干渴的心灵如逢云霓。人们相信大胡子穆罕默德的话，并匍匐在了他的脚下，他们心甘情愿地听从这位安拉使者的指引，并变得“顺从”（阿拉伯语“伊斯兰”之意）了。此后，伊斯兰教的影响及至西亚、北非和东南亚，成为大多数人的精神支柱。

信仰安拉的人们严守教规，每天都要向神行礼，以此表达对神的虔诚，这就是礼拜，必日行五次，也必得准点进行。逢周五，所有信徒都要在中午时分集体朝拜，即所谓“聚礼”。这便需要一个适宜的场所，于是一种为满足信徒集体朝拜之需而兴起的崭新建筑出现了，这便是清真寺。

清真寺一般建在人口稠密的街区，以方便信徒礼拜。在伊斯兰教盛行的地区，几乎全民信教，信徒人数众多，要满足他们礼拜之需，就必须修建大批体积和空间容量较大的清真寺。于是像现代的连锁超市一样，清真寺在居民区里大量出现，无处不在。而清真寺还往往是一些城市，特别是大城市的主要建筑和重要标志。清真寺的形制与主要的伊斯兰大型公共建筑和纪念性建筑大体相似，结构方式也基本相同，大多采用拱券结构。拱券结构并非阿拉伯人的发明，伊鲁特人首先摸索出建造拱顶的方法，罗马人随后将它用到自己的建筑当中，拜占庭（东罗马）时期更是大量使用。再后来，阿拉伯人成了东罗马这块领地上的新主人。新的统治者摧毁了固有的制度与秩序，强制推行自己的价值观、信仰和语言，但他们也欣然接受了东罗马人的一笔了不起的遗产，那就是拱券技术。在此后漫长的岁月里，阿拉伯人按照自己的理解对这一技术加以改造和发挥，运用到了自己的建筑当中，形成了具有浓郁东方情调的独特建筑样式。

土库曼斯坦的塔尔克屯清真寺是中亚地区最古老的三部式清真寺

拱券技术在伊斯兰建筑中的卓越表现便是使屋顶呈现出别具一格的形状，那些高高耸立的穹顶散发着伊斯兰文化的独特魅力，显得那么神秘，并使人产生无尽的遐想。伊斯兰建筑的表面

回教圣地麦加的朝圣中心

乌兹别克人的回教学院——希尔多尔学院

还布满了丰富的装饰图案，显得十分精巧而独特。仔细看你会发现图案多为几何形状，因为伊斯兰教规禁绝描绘动物和植物，因而装饰的任务主要交给几何图案来完成。在一些建筑物上，也可偶见一些植物图案，但数量极少。另外，阿拉伯人还创造性地把文字当成了装饰图案来使用，远远看去，你不会想到它们会是由一些文字组成的，而当你凑近，你会发现那都是些可以诵读的文字，是《古兰经》里的内容，不但美观，还可弘扬教义，有一举两得之效。

清真寺具备伊斯兰建筑的主要特点，是伊斯兰建筑的代表。清真寺有许多不同的类型。一开始，来自沙漠深处的阿拉伯人并不知道建筑为何物，他们生活在骆驼背上和帐篷之中，无数个世纪以来，他们游走四方。这个剽悍而善战的民族轻易地赶走了信奉基督教的东罗马人，并在叙利亚建立了自己

乌兹别克斯坦布哈拉城的古建筑

的王朝，但他们却没有能力建造适合自己的建筑，特别是宗教建筑，于是，他们只好将东罗马人遗留下来的基督教堂加以改造，用以满足信徒们的“聚礼”之需。那些早期的基督教堂都是巴西利卡式的，巴西利卡式教堂呈长方形，圣坛的位置一律在东端，为的是信徒礼拜时可以面向东方，因为耶稣的圣骨就安葬在罗马以东的耶路撒冷，这是沿袭了西罗马的传统。而东罗马属地的叙利亚事实上则位于耶路撒冷的西北，这么做完全是南辕北辙，但这是传统，理当遵循。

开罗萨拉丁城堡内的穆罕默德阿里清真寺内建筑物

叙利亚大马士革的古城墙

穆罕默德也要求他的信徒们朝拜的时候面朝圣地麦加的方向，麦加在叙利亚以南，因此，在使用那些东西向的基督教堂的时候，便只好把圣坛设在南端。这样横向使用原本是不得已的事，但如此相沿成习，以至于以后修建的清真寺其大殿也呈东西走向，但使用的时候却是南北向的，这样很不方便，也不协调。后来逐渐有所改变，有的廊道也变为了南北向布局，而在中亚和波斯地区，一种方形大厅的清真寺曾十分流行，它的内部空间没有明显的朝向，这显然是脱胎于古代波斯的方形柱厅。

也门萨那古城清真寺的多层塔和庙宇

叙利亚巴尔米拉城的柱廊气势宏伟，全长1600米。

大马士革是阿拉伯人建立的第一个王朝——倭马亚王朝的首都，公元706年，这里开始动工修建一座规模宏大的清真寺，这就是著名的大马士革大清真寺，它后来成为伊斯兰建筑中的经典作品，影响深远，成为许多清真寺竞相效仿的对象。大清真寺由多个建筑组成，像一个大院子。清真寺的主体建筑位于大院的中央位置，大殿依然是东西走向，长136米，宽37米。大殿北端建有一个长廊，是专门为那些流离失所的信徒们准备的临时的安身之所，大殿正好与之南北相对。大清真寺的屋顶是兼具多种拱形特点的混合拱顶，是尖拱、马蹄形拱和高脚拱杂糅之后的产物，有一种独特的魅力。另外，大殿墙面是最引人注目的地方，雕刻精美，据说原先墙面上是一幅巨大的马赛克镶嵌画，描绘的是《古兰经》里“天园”的美景。当初那位马赛克嵌饰画家不知是不懂教规还是有意为之，绘有无数的动物和植物，因此后来被一

巴尔米拉古城贝勒神庙遗址局部

古城大马士革

耶路撒冷圣墓教堂内最壮观的拜火仪式

些文字所覆盖。传说这幅嵌饰画有4000多平方米，气势盛大，工艺精美，驰名遐迩。可惜现在我们已经无缘一睹，只能凭借覆盖其上的那些描绘“天园”圣景的文字来想象“天园”的美丽了。

还有一座清真寺值得一说，这就是耶路撒冷的圣石庙。它于公元692年建成，是一座艺术成就很高的清真寺。它采用了集中式的纪念性建筑的形制，结构单纯，线条洗练，形体端庄，气度雍容。它的外形非常独特，底层呈八边形，外墙最高处为9米。在八边形底层的中央凸起一个略呈尖核形的穹顶。穹顶表面满布金箔，光华闪烁，炫人眼目。因为这个缘故，有人也称它为“金顶寺”。而“圣石庙”名称的由来又另有缘故，因为在那个不同寻常的穹顶之下的地面上，放着一块长17米，宽13米的巨石，相传穆罕默德就是踏着这块黑色的圣石登天的。那是公元621年7月的一天，刚刚创立伊斯兰教不久的穆罕默德正在梦乡遨游，这时，天使迦卜里勒自天界飘然而下，将他唤醒，穆罕默德骑上天驹，踏石升空，畅游天国，深获启喻。随后，他于黎明时分返回麦加，此后为传播教义他更加辛劳地四处奔走。这是《古兰经》中记载的一段神奇故事。据说圣石庙便是为了供奉这块圣石而建造的。因此，它可以说是整个伊斯兰建筑中最神圣的一座建筑。

另外，中亚和波斯的清真寺也颇有特色。清真寺多采用四合院式的布局方式，大殿位于正房的位置。最独特的是它的大门，在堆砌厚重的墙体时，建筑师已经计划好在何处留出门的位置，在要开门的地方，建筑师砌出一个又高又大又深的凹进墙体的空

每天必须面向麦加祈祷五次的回教徒

大马士革大清真寺

耶路撒冷

耶路撒冷的圣石庙，采用了集中式的纪念性建筑的形制。

圣石庙内的木质圆顶

世界的罪亚（画中所绘的是回教黑石）

间，这个空间使墙体显得很有层次感，并可在壁上做装饰图案，在凹陷的墙体空间下方正中再开一道小门，用于进出。这便是所谓的“伊旺”，它是中亚和波斯的伊斯兰建筑中最有特点的地方。它不仅大量使用于清真寺当中，在其他建筑，如宫殿、陵墓当中也有使用，其影响很广。后来在印度的宗教建筑及陵墓中它也有所表现，泰姬陵主体建筑中便有这种制作精美的“伊旺”。

而埃及清真寺的用途大有不同，它常常是苏丹和王公贵族们的陵墓。埃及人似乎很热衷于建造陵墓，他们曾建造了世界上最大的陵墓——金字塔。那些法老和贵族们好像并不打算好好过日子，一辈子都在为死后的安身之处操心。当一种由十字形平面集中式空间组合而成的清真寺建造方式传到埃及并流行开来的时候，那些法老和王公贵族们突然感到眼前一亮，觉得来世灵魂和肉体都有了归宿。

伊朗皇家清真寺

土耳其迪夫里伊大清真寺附属医院大门

印度新德里的胡马雍陵

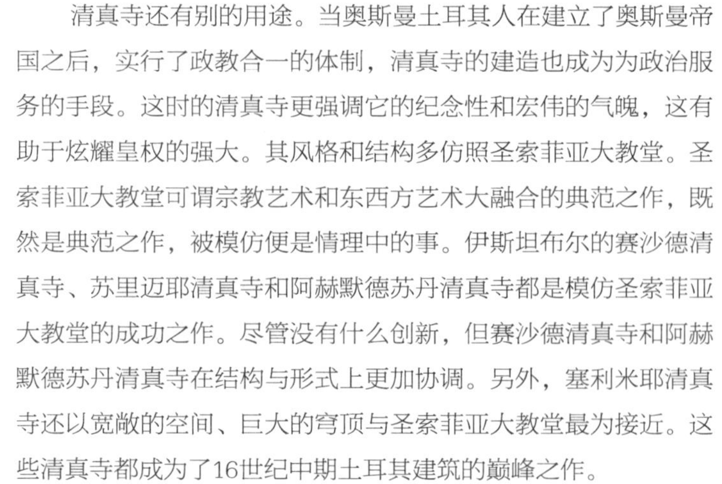

清真寺还有别的用途。当奥斯曼土耳其人在建立了奥斯曼帝国之后，实行了政教合一的体制，清真寺的建造也成为为政治服务的手段。这时的清真寺更强调它的纪念性和宏伟的气魄，这有助于炫耀皇权的强大。其风格和结构多仿照圣索菲亚大教堂。圣索菲亚大教堂可谓宗教艺术和东西方艺术大融合的典范之作，既然是典范之作，被模仿便是情理中的事。伊斯坦布尔的赛沙德清真寺、苏里迈耶清真寺和阿赫默德苏丹清真寺都是模仿圣索菲亚大教堂的成功之作。尽管没有什么创新，但赛沙德清真寺和阿赫默德苏丹清真寺在结构与形式上更加协调。另外，塞利米耶清真寺还以宽敞的空间、巨大的穹顶与圣索菲亚大教堂最为接近。这些清真寺都成为了16世纪中期土耳其建筑的巅峰之作。

埃及开罗的清真寺

9. “挂在时光脸颊上的一滴泪珠”

这个绝妙的比喻来自伟大的印度诗人泰戈尔，他所说的挂在时光脸颊上的那一滴泪珠是指印度伊斯兰建筑中最杰出的作品——泰姬·玛哈尔陵，它是印度莫卧儿王朝帝王沙贾罕对亡妻木塔兹·玛哈尔思念的泪水凝结而成。它是一个男人为他深爱的女人建造的陵墓，更是一座祭悼爱情的不朽丰碑。

泰姬陵的清真寺

任何人，只要他试图讲述泰姬·玛哈尔陵的故事，他就无法绕过那个关于爱情的话题而单纯地去描述它的所谓建筑艺术的成就。他必须从这个话题讲开去，因为这座伟大的建筑本身就是爱情的产物，那段凄美的爱情绝唱本身就是它不灭的魂魄。

泰姬·玛哈尔陵位于印度北方邦的格拉伯市，距德里东南约200千米，古老的朱木纳河在它身旁默默流淌，不舍昼夜，仿佛在向人们述说着那段凄婉悱恻的动人故事。

泰姬陵中有沙贾罕王的衣冠冢

玛哈尔

沙贾罕

17世纪初的某一天，印度莫卧儿王国的王子沙贾罕上朝恳请父王日贾罕同意他迎娶一位名叫木塔兹·玛哈尔的波斯女子。父王颇感吃惊，儿子竟然会主动来向他请求同意一门亲事！在此之前，不知有多少皇亲国戚的千金和邻邦异国的公主前来提亲，他的这个志得意满而又多才多艺的儿子总是那么无动于衷，他身边的美女也不在少数，却不见他有激扬之色。国王一度以为儿子不懂情感，不晓风月，但今天这小子却神采飞扬，侃侃而谈，讲述着他对那位波斯女子烈火般的爱恋。日贾罕国王对儿子说："只要你喜欢的我都不会反对，但我想见见让我的儿子如此痴迷的女子到底长得何等模样。"

第二天，当玛哈尔来到国王面前的时候，见过万千粉黛的国王眼睛不禁为之一亮。真可谓国色天香之容，倾国倾城之貌。和儿子真是郎才女貌，天造地设的一双！国王立即应许了这门亲事。很快，19岁的玛哈尔成了沙贾罕的妻子，也成了他一生中唯

泰姬陵在不同的时间和不同的自然光线中显现不同的特色

一宠爱的女人，玛哈尔随即获封号“泰姬”，意为“宫廷的王冠”。

就像童话的结尾处说的那样，“王子和公主从此幸福地生活在一起了。”也像童话里表达爱的方式一样，公主对王子说：“我要为你生一大堆孩子！”的确，他们在共同度过的19年幸福时光里，玛哈尔为沙贾罕生育了14个儿女。他们相亲相爱，心心相印。玛哈尔性情温和，能诗善画，通晓音律，是个才貌双全的女子，也是个贤良的妻子和慈爱的母亲，更成为沙贾罕得力的助手。1628年，沙贾罕登基称帝之后，她还替丈夫处理了许多的公务。不论沙贾罕春风得意征战南北，还是遭遇厄运放逐他乡，这位聪颖美艳而又勤劳忠贞的伴侣都始终相伴身边。

阿格拉堡的南门

1631年，边关告急，战事频发，沙贾罕亲率大军出征，身怀六甲的玛哈尔依然与丈夫如影随形，不离左右。不久，玛哈尔便已临盆，而这时战事未罄，情况紧急。这位曾顺利生下13个孩子的母亲这次遇到了一生中最大的难题，她挣扎了一天一夜，孩子依然没能顺利降生。军中医疗条件十分有限，军医也只懂得简单的创伤处理，任她痛苦地呻吟，却束手无策。第二天清晨，他们的第14个孩子呱呱坠地了，可玛哈尔却耗尽了生命的最后一丝力气。沙贾罕将耳朵贴近她的嘴唇，听她细若游丝的声音传达出最后一个心愿：“为我造一个漂亮的陵墓吧，用它来纪念我们的爱情，因为这爱情是无与伦比的……”

新一天的朝霞暖暖地照在她美丽而又苍白的脸上，沙贾罕轻轻地抚摩着妻子变得冰冷的面颊，只觉万箭穿心，不禁泪如泉涌。相传沙贾罕王从那一刻起，茶饭不思，神情恍惚，竟一夜白头。

不知过了多少个日子，沙贾罕王渐渐从痛苦中挣脱出来，开始筹集经费，征召世界各地的能

霞光中的泰姬陵

工巧匠为亡妻建造陵墓。第二年，即1632年，一位波斯建筑师的设计方案获准实施，于是一个历时22年，耗资7亿卢比，动用工匠及建筑师数万人的浩大工程破土动工。当这座神奇的建筑终于在朱木纳河畔屹立起来的时候，莫卧儿帝国的国库早已为之一空。

幸好莫卧儿帝国国力强盛，才未因此立即衰落，但也是元气大伤。也只有莫卧儿这样的帝国才承受得住这样巨大的财力损耗，产生这样的惊世之作。

那么，莫卧儿帝国何以如此强盛，这还得追述一段帝国兴盛的历史。“莫卧儿”事实上是“蒙古”一词的谐音，莫卧儿帝国乃纵横亚洲大陆北部的成吉思汗之孙铁木尔的后代所建。1525年，趁印度回教帝国分崩离析、诸侯割据之际，这个能征善战的马背民族在铁木尔六世孙巴勃尔率领下大举南犯，在南亚次大陆的印度创建了雄霸一方的莫卧儿帝国。此后的235年里，印度一直处在莫卧儿帝国的统治之下，成为当时亚洲乃至世界上最富有、最强大的国家之一。特别是第五位国王沙贾罕在位期间，国力更是达到了空前的强盛，因此，在爱妻不幸亡故之后，沙贾罕王才有那么充足的财力来建造一座后来被称为世界七大奇迹之一的陵墓，使这位多情国王对妻子的绵绵思念得以淋漓尽致地表达。

沙贾罕王不仅是一位具有雄才大略的帝王，同时也是一位极具艺术修养的人，尤其对建筑艺术颇有研究和造诣，德里的红堡和大清真寺等许多著名的建筑都出自他的手笔。为了在天地间打造一座旷世的建筑杰作，他不惜重金将君士坦丁堡的圆顶建筑师、巴格达的泥水师和书法家以及各国的无数专家招募到他的旗下，共同完成了这件不朽之作。他原本还打算在泰姬陵的对面为

气势磅礴的阿格拉古堡城墙

阿格拉古堡内所有宫殿都布满雕刻，并镶满了五颜六色的宝石。

自己建造一座豪华的黑色大理石陵墓，以便在百年之后能与爱妻同枕一河，遥相对应，长相厮守。

然而，正是这件爱情的奢侈品，最终让沙贾罕王消受不起，并授人以柄。正当沙贾罕为自己建造的陵墓刚刚动工，他的第三个儿子奥朗则布就以父王修筑泰姬陵搬空国库为罪名，起兵讨伐，弑兄杀弟篡位，并将其软禁在阿格拉堡的八角宫内，更不准他去陵墓祭奠母后的亡灵，甚至在窗口眺望也不行。沙贾罕只好借助一块硕大的水晶石的折射，凝望美丽的泰姬陵。这成为沙贾罕王长达7年漫长的幽囚岁月里唯一的慰藉。传说后来奥朗则布发现父亲在偷看母亲的陵墓，就命人将父亲关到另一个看不见泰姬陵的房间，又叫人将父亲的眼睛刺瞎，但行使之人不忍下手，只是将沙贾罕的眼皮缝合了起来。多年以后，当奥朗则布良心发现，才又让人将缝在父亲眼皮上的丝线拆开。无边的黑暗、忧郁与绝望使沙贾罕的视力严重受损，当他再次眺望泰姬陵的时候，眼前一片模糊。而当他的视力逐渐恢复，可以依稀看见

阿格拉古堡局部

阿格拉古堡内的石雕

泰姬陵倩影的时候，他的生命却已走到了尽头。

1666年的一天，弥留中的沙贾罕挣扎着从病榻上抬起头来，他要最后看一眼月色中美丽的泰姬陵。当泰姬陵犹如一团梦幻般的白雾映入他眼底的时候，他的脸上掠过一丝欣慰的笑容。这则哀婉凄楚的爱情故事终于以沙贾罕的凄然长逝缓缓落幕，而那曲凄美的爱情挽歌却长萦不绝，那场感天动地的纯真爱情也被那座爱的宫殿永久收藏。

所幸在沙贾罕去世之后，人们感动于他对妻子的一片痴情，最终还是将他安葬在了他日夜思念的爱侣身旁，这对失散的鸳鸯终于相聚在了另外一个世界里。

从阿格拉古堡远眺泰姬陵

阿格拉古堡城墙

这个故事的确使泰姬陵成为一座不朽的爱情丰碑，同时，它也是一件集合了伊斯兰及印度建筑艺术精华的经典之作。它同埃及金字塔、中国万里长城、巴比伦空中花园、罗马大斗兽场、亚历山大墓和圣索菲亚大教堂一起，被并称为世界七大建筑奇迹。它是印度的骄傲与象征。

这是一座完全用纯白色大理石按照伊斯兰天国的理想境界构建的宫殿式陵园。在伊斯兰教徒的心目中，天国是一座梦幻中的美丽花园。《古兰经》里描述的天国有四条河流，它们是水河、乳河、蜜河和酒河，在河流的两岸，绿树成荫，水草肥美，花果飘香。而在泰姬陵里我们可以看到与之十分相似的情景。走进这座占地17公顷的长方形陵园，只见莫卧儿花园茂密的绿阴掩映着方形喷水池和十字形水道，由中央喷水池向四方伸展的水道便分别代表了天国里的水、乳、蜜、酒四条河流。陵墓居于中轴线末端，是整个陵园的主体，前面的花园成为它的铺垫和衬托。

18世纪的印度画，画中天堂分为四部分，与古兰经所描述的天堂乐园吻合。

这便是陵园在设计上的极大成功。尽管它是一组宏大的建筑群，有围墙、水道、喷泉、花园、陵墓和清真寺，但并未有喧宾夺主之感，布局简单而合理，很好地突出了陵墓这唯一的表现主体。当你跨入第二道大门的时候，便可远远地望见陵园尽头的泰姬陵，它仿佛是一个白色的幻影，飘浮在一片绿云之上。四周景物高低错落，对比呼应，主次分明，相得益彰。

泰姬陵被圈定在一个东西长576米，南北宽293米，由红色沙石围墙构筑的区域中央。一个高约5米、面积100平方米的台基由无数块长方形白色大理石铺砌而成，它稳稳地将陵墓主体建筑托举其上，4座高约40米的伊斯兰教风格的三层白色大理石尖塔挺立于台基四角，对称呼应，护卫并烘托出台基正中的陵墓主体。这四座塔在设计时经过精妙的构思和精确的计算，有意使其微向

泰姬陵是一件集合了伊斯兰及印度建筑艺术精华的经典之作

外倾，以防万一倒塌伤及陵墓。台基正中便是那座高出台基64米的晶莹剔透的八角形白色宫殿了。

它的造型显得坚固、敦实却不呆板，有一种伶俐、飘逸之感，线条洗练、肯定，没有多余的枝蔓。正立面平直挺拔，中间开有大小数道弧形凹门，凹门弧线与巨大圆顶弧线上下呼应，同立面线条刚柔相济，显出和谐、活泼的意韵，有一种虚实变化的美感。圆顶正中嵌有黄铜制作的尖顶，另有四尊小圆顶簇拥周围。自远处眺望，你会发现，主体结构在一种稳固中呈现出自由的变化，而变化中又透露出协调与秩序，错落而不凌乱，轻快而又舒展。

它的内部被称为寝宫，呈八角形，辟宫室5间，中央宫室安放着玛哈尔和沙贾罕的白色大理石石棺模型。按照伊斯兰教风俗，亡灵棺木被分为上下两层，上面一层起装饰与供人凭吊的作用，真正的遗体则深埋于寝宫底层的一个八角形小墓穴之中。寝宫的门窗上一律是菱形带花边的小格子，均以白色大理石镂空而成，墙上及环绕石棺的大理石屏风上则布满了色彩艳丽的藤蔓、花朵，枝干为黄金做成，而无数颗采自世界各地的宝石——水晶、翡翠和玛瑙则点缀在枝叶之间，几何形图案与之相映成趣，极富装饰效果，给人一种肃穆、堂皇而又神秘、空灵的感觉。

泰姬陵所呈现出的艺术品位和色彩美感尤其让人叹为观止。陵墓主体建筑浑身上下都布满了精美的雕饰和各种各样的几何图案，由稀世珍宝镶嵌而成的饰物和飘逸舒秀的书法作品随处可见。台基上则多镂以浮雕，鬼斧神工，精美绝伦。

泰姬陵浑身上下都布满了精美的雕饰和各种各样的几何图案

而要尽览其色彩之美则需要在不同的时间静静品味。霞光初透的清晨，朝霞在它雪白的肌体上勾画出金色的轮廓，远远看去，淡淡晨雾中的泰姬陵显出一种神秘飘逸之态，恍若当年待字闺中的玛哈尔，有一丝含蓄与羞涩。而正午时分的泰姬陵则显出一种素洁、爽朗的趣味，湛蓝的晴空将它的肌肤映衬得更加雪白迷人，灿烂的阳光给了它一层更加耀眼的光芒，这完全是伶俐、智慧的玛哈尔的写照。黄昏的来临又给了泰姬陵另一种风韵，夕阳西下，泰姬陵依次被镀上粉红、暗红和淡青的光色，变幻无常，迷离妩媚。而当皓月升起的当儿，泰姬陵又仿佛变成了银白

后人将沙贾罕的石棺放置在泰姬陵内他妻子的石棺旁，这对失散的鸳鸯终于相聚在了另一个世界。

整座陵墓建在一个正方形白色大理石基座上，基座四角各有一座高约40米的三层塔楼，与主体陵宫彼此呼应。

14世纪时，铁木尔将一座陵墓重建，改为清真寺和墓穴。

色的蟾宫，玲珑剔透，光彩照人，有清雅出尘之感，它的妩媚与高雅会让人不由得想起中年成熟的玛哈尔来。

这个建筑的杰作凝聚着无数建筑师和工匠的智慧与心血，是整个伊斯兰建筑精华的集合。它明显借鉴了撒马尔罕的古尔·艾弥尔陵墓和胡马雍墓的建筑手法，再加以巧妙地改造与融合，呈现出独特的风韵。如今，这件伊斯兰建筑的巅峰之作在这里已经矗立了近300个年头，它默默地述说着一段爱情的传奇，也告诉世人“一座建筑葬送一个王朝”的故事。但平常的人们似乎总是情感多于理智，他们对一个帝国兴衰的历史缺乏兴趣，而镌刻在陵墓上的那首沙贾罕的题诗却让人过目不忘：

像天园般光明灿烂
馥郁芬芳
仿佛龙涎香在天园弥漫
这香气来自我心爱的人儿
胸前的花环

10. 危楼高百尺

一个很有趣的现象：现在的人们在提到建筑的时候很少会把它和艺术联系起来（尽管也常听人说起“建筑艺术”这个词），即使是一幢具有相当艺术价值的建筑，人们也最多会说，这幢大楼真漂亮。这时，建筑的概念依然停留在工程学的层面上。但当我们回望历史，谈到那些古典建筑的时候，都会毫不犹豫地把它看成是艺术品，不管它当初建造时的目的和用途是什么。

不知道这是人们的附庸风雅，还是因为经过岁月的淘洗保留下来的那些建筑的确具有不可磨灭的艺术价值。一个令人不能回避的事实是，现在，即使是完完全全的一个建筑外行，也不会不知道什么叫“哥特式建筑”。的确，哥特式建筑瘦削尖挺的屋顶就像一把把利剑，直刺青天，实在让人过目难忘。哥特式建筑作为一种古典建筑的典范已经成为人们无法绕过的一道风景。它已不仅仅只是一堆建筑材料有机组合起来的一幢幢房子，而是一个时代血脉的凝固，民族个性、审美意趣、文化取向、宗教思想以及经济状况都被熔铸其中了。它是收藏着那个时代风貌的博物馆。

这幅现代画作描绘了哥特式大教堂的施工场景

英国的坎特伯雷大教堂

要对哥特式建筑艺术有一个更加深刻的认识，就有必要对与之相关的背景有一些起码的了解。首先要提到的是“Gothic”这个词，它在不同的时期和社会文化群体中有着不同的含义，它原指“Goth”部落，哥特部落是欧洲古老的日耳曼民族的一支，他们生活的范围大致在多瑙河流域一带。哥特人是一群粗暴而狂野的人。他们当中的一支——维斯哥特部落，曾以势如破竹之势横扫整个意大利和希腊半岛，并于公元409年攻克坚固的罗马城墙，结束了一个辉煌的时代。不久便在法国和西班牙建立起了自己的王国。公元8世纪初为摩尔人所灭。很长一段时间，意大利人对哥特人毁灭他们强大的罗马帝国一直怀恨在心，所以他们把这一时期称为“Gothic”，又含有了“野蛮、粗野”的意味。而在文艺复兴时期，它则用以表示中世纪的艺术形式。

中世纪的确给我们留下了许多宝贵的文化遗产和艺术珍品，特别是在建筑艺术上更是达到了前所未有的高度。12世纪至16世纪初期，欧洲出现了一种以新型建筑为主的艺术，包括雕刻、绘画和工艺美术。这种建筑风格，与以往罗马式的建筑风格截然不同，它大量地应用线条轻快的尖拱券，而抛弃了罗马式厚重阴暗的半圆形拱门。无论是造型挺秀的小尖塔、轻盈通透的飞扶壁，

德国古都吕贝克建筑群

还是修长的立柱或簇柱、彩色玻璃镶嵌的花窗，都给人一种向上升华，如临天国的神秘幻觉，是基督教盛行的时代观念和中世纪发展的物质文化面貌的集中体现。我们所熟知的法国的巴黎圣母院、沙特尔大教堂、德国的科隆大教堂、英国的林肯教堂和意大利的米兰教堂都是哥特式建筑的代表作品。

遥想当年，12世纪的人们在第一次见到哥特式建筑时是何等的惊讶和振奋。当这样的建筑鳞次栉比地矗立在新型城市当中的时候，城市文明的新纪元拉开了帷幕，它同时宣布，代表着农业社会建筑风格的罗马式建筑已经过时。那时是城市建设者和工艺美术师们一展身手的伟大时代。那个时代相继产生了一大批一流的建筑师和工艺美术师，他们只要一搞建筑就必然是哥特式的，他们的作品不仅经济、实用，而且坚固、美观，就是现在看来，你也依然会感叹它的巧夺天工。

法国沙特尔大教堂

哥特式建筑最大的特点就是它的尖顶，关于那些直指苍天的尖顶和高大立柱的由来，历来说法不一。有的说建筑师们的灵感来自于森林中参天大树的形状；有的说是两河流域的美索不达米亚平原的入侵者的作品，他们有建造高塔的传统，因为他们觉得在高高的塔上，就会离神更近一些，便于和神进行沟通；还有一种说法是，在建造一座城市的时候，修建城墙和护城河要耗费大量的资金，为了减少开支，当时的城市面积与原来相比明显缩小，建筑用地也相应减少，因此将建筑向空中发展就成为无奈而又明智的选择。

德国科隆大教堂

这些说法不无道理，但更为科学的解

法国亚眠大教堂

释似乎应该是，当时的建筑师受到了穆斯林建筑的启发，因为沿用了多年的拜占庭和罗马式建筑的圆顶已经使建筑师们感到厌倦，他们终于在11世纪的下半叶成功地找到了一个突破口。一种光线充足、空气流通、直插云天的新型建筑应运而生，人们将这种建筑称为“高直建筑”。这种风格的建筑也很快成为一种流行的时尚，并发展成为中古时期西欧最大的建筑体系。

具体地说，它是将罗马教堂的十字交叉拱和骨架券，以及7世纪阿拉伯建筑的尖顶券等特征融合在一起的一种新型的建筑模式。它巧妙地把罗马建筑中需要厚达60厘米的墙体才能承受的拱顶压力，分散到构柱、飞扶壁、尖券和肋料拱上，使墙体的厚度大大缩减。还大量采用高耸的尖券窗，这种窗户上镶嵌的是绘成各种图案的彩色玻璃，看上去五彩斑斓，鲜艳夺目。同时，“拱扶垛”的成功应用也是一大创举，它使主要受力线都能沿着十字拱的对角线一直延伸到基础，这样，整个建筑受力均匀，更加牢固。它的内部结构也十分巧妙，侧面走廊的柱子正好与中殿等高，设计师们不知运用了一种什么样的奇妙方法，使站在教堂任

西班牙布尔戈斯的大教堂

何角度的人都见不到一根柱子，使教堂显得更加宽敞。另外，哥特式建筑的内壁与外墙多采用垂直线条加以装饰，使整个建筑给人以轻盈、挺拔和清秀的美感。

过去古罗马建筑中不够完善的地方在这里都得到了改进，罗马时期的建筑师们绞尽脑汁都没有攻克的难题，此时也迎刃而解。但要建造这样的尖顶建筑也并非易事，在哥特式建筑的发展过程中也有屡遭失败的记录。由于种种原因，当时建造的大型教堂经常都半途停工，能够最后完工的只是其中极少一部分。即使能够竣工，也难保安全，15世纪至16世纪就经常发生教堂坍塌事件。1486年万圣节和1571年主显节发生的塌楼事件就是其中最

意大利米兰大教堂

法国兰斯的圣玛利亚大教堂

英国伦敦的威斯敏斯特大教堂

科隆主教堂的飞扶壁

为严重的两起。万圣节那天，数百名教徒和唱诗班成员在一声巨响和瓢泼大雨中命归黄泉。

今天我们有幸能一睹其风采的哥特式建筑，自然都是当初幸运地诞生，后来又幸免于难的建筑精品，这些建筑使我们得以隔着悠悠岁月怀想当年香火鼎盛时的盛况，并欣赏中世纪艺术家们的杰作。

哥特式教堂全盛时期的12世纪至16世纪，各种艺术形式也同时得到了发展，比如雕刻、玻璃制品、装饰物等，教堂为这些艺术样式提供了生存的空间。其中，哥特式教堂的窗户尤其值得一提。哥特式建筑使过去教堂中大面积的空白墙体被别具一格的窗户所取代。玻璃烧制师于是有了用武之地，制作染色玻璃的想法在他们的大脑中酝酿成熟。染色玻璃的制造有两种方法，一种是把氧化金属置于普通玻璃之上，使其着色；另一种则是在普通玻璃的表面烧一层颜料，再将不同颜色的小块玻璃固定在上面，这就构成了各种斑斓的图案，它既不同于绘画，又有别于马赛克拼图。它的制作也是一种艺术创作，其价值丝毫不亚于创作一幅大型的教堂壁画。当阳光从窗户上投射进来的时候，玻璃窗便将它滤成五彩斑斓的颜色，柔和而绚烂，给人一种温暖、舒适又神秘的感觉，使人仿佛置身于仙境与童话王国之中。在这样的环境里，一种积极向善、化解仇恨与痛苦的愿望在人们的心中油然而生。

这种染色玻璃在教堂的成功应用，使染色玻璃大受欢迎，很

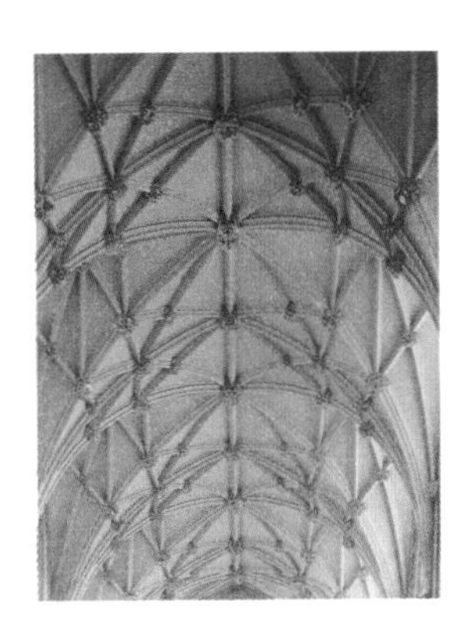

英国哥特中期的骨架券形拱顶。每个辅助拱的交点均饰以镀金花结，作为闪亮的点缀。

英国伊利大教堂的八角形顶塔

西班牙孔波斯特拉圣雅各大教堂的雕刻《荣光基督》是哥特艺术的瑰宝

法国亚眠大教堂用彩色玻璃装饰教堂内壁，开创了建筑史上的先河。

哥特式建筑使过去教堂中大面积的空白墙体被别具一格的窗户所取代

快就在欧洲流行起来，并一夜之间身价百倍，得到这样的玻璃艺术品，成为人们梦寐以求的愿望。玻璃制造业因此得到了迅速的发展，玻璃艺术品的创作也很快成为热门。同时，哥特式建筑的兴起也为宗教和以宗教为题材进行创作的艺术家们拓展出更大的发展空间。而教会也因此而达到了宣扬教义和追求神秘主义气氛的目的。

哥特式建筑于11世纪末在法兰西率先兴起之后，便迅速在欧洲各国得以普及，并很快与各国的建筑风格融合在一起，具有了各民族的特色，形成了法国哥特式风格、瑞典哥特式风格以及奥地利哥特式风格和德国哥特式风格……最纯粹的哥特式建筑风格也便消解在这无声无息的渗透与融合之中了……

11. 斑斓的玻璃通明的窗

在中世纪特殊的历史背景之下，教堂成为人们生活中至为重要的场所。人们在这里感知上帝的仁慈与恩惠，企望灵魂得到救赎，寄托今生来世对幸福的渴望。从生到死，人们的生活与教堂发生着千丝万缕的联系，因此教堂几乎成了那段漫长岁月里一切建筑风格的载体，也唯有教堂这样大投入大制作的建筑才能使某一种风格得以淋漓尽致地展现。

沙特尔大教堂的一幅13世纪初的彩绘玻璃

这一时期的建筑被哥特式风格所主宰。哥特式教堂除了朝西洞开的大门，交会成十字形的礼拜厅、圣坛、廊厅，用密集垂直线条造成动势的壁柱、脚线以及使结构发生革命性变化的肋架券、尖券和飞券等鲜明特色之外，瘦长高挑的窗户和镶嵌其上的玻璃更成为哥特式教堂不可或缺的点睛之笔。那五彩斑斓的图案和如梦如幻的光影效果总是让那些置身圣殿之中的人们有一种如临天国的迷离与飘飘欲仙之感。

这是前所未有的创举。过去罗马式建筑中用以承重和构筑

尖形拱肋交叉的拱顶

穆拉诺的吹玻璃工（格勒文布洛克 威尼斯）

特殊用途空间的厚重墙体在哥特式建筑中不见了踪影，被一种崭新的结构技术所取代，这就是飞券的使用。飞券可以有效地平衡中舱的侧推力，使四壁为高墙所严密包围的教堂从此退出历史舞台，这样教堂的中舱就可以开出大面积的侧窗了。阳光第一次穿过窗户投射到阴冷肃穆的教堂之中，让那些虔诚祈祷的信徒在冥冥中感觉到一丝天堂的味道。

我们都知道，开窗户的目的在于减轻建筑的重量、节约建材和充分采光，但那么大的窗户不能没有遮风挡雨的隔离材料，而这种材料又必须是透明的和轻型的，于是玻璃适逢其会，担当起这一重要的角色。

常识告诉我们，许多了不起的发明都来自东方，玻璃也不例外，但它传入欧洲的准确时间已无从考证。但我们知道，在欧洲玻璃制造业的中心威尼斯，最早生产玻璃的历史可追溯到公元10世纪。后来，据说是法国人把东方人发明的染色玻璃带回了欧洲，事实上那是一种彩色玻璃镶嵌画，是拜占庭人的拿手绝活。当东征的十字军来到那里的时候，这种神奇的东方艺术令他们赞叹不已，也许那位法国人就是军中的一位心不在焉的小卒，他本来热心艺术，却被抓丁当了兵士。他把这门技艺熟记于心，并在九死一生回到故土之后，开始试着以这门手艺谋生，没想到会大受欢迎。再后来，玻璃镶嵌画被改造、发展，运用到教堂的窗户上。

科隆大教堂精美的窗饰

那时教堂窗户的功能的确尚未得到充分开发，大面积的空间被白白浪费掉了，过去教会把大块大块的墙面变成了宗教艺术的展场，也曾是画家们大显身手的地方，可现在让位于玻璃画了，画家们只好另谋生路，最终他们因祸得福，发明了油画。

而当教皇们第一次发现窗户也同样是一个宣扬教义的重要阵地的时候，玻璃嵌饰艺术便开始大行其道。教会知道，《圣经》的通俗化、形象化是一项十分重要的工作，因此，在玻璃上绘制一些一目了然而又赏心悦目的圣经故事和宗教题材的图案就成为当务之急。起初，限于技术条件，玻璃的制造还停留在一个较低的水平上，制造出的产品远远不能和今天的相比，不仅块面很小，而且色度不纯，阳光透过这样的玻璃，形成乱光四射的效果，给人一种很不舒服的感觉。

这块玻璃嵌板来自于一扇以耶西族谱为主题的德国窗户

一开始人们在玻璃上直接着色绘制图画，后来发展为烧制染色玻璃。其烧制方法是，将氧化金属加入到普通玻璃当中，使其变成有色玻璃；或者在普通玻璃的表面烧上一层颜料，但烧制之前必须设计好一个整体的图案，然后再将图案切割开来，分别烧制在不同的小块玻璃上，最后再把这些小块玻璃用铅条拼合在一起，还原成设计图上的图案。

奥地利圣雷奥那德教堂的一块彩色玻璃嵌板

因此看上去有点像马赛克拼图，而不太像绘画。而图案的设计和组合是大有讲究的，师傅们要将它们组合得恰到好处很不容易，不能让光线透过的时候形成红一束、紫一束、黄一束的效果，要让颜色搭配十分协调，使色彩、图案在光线的作用下产生柔和、舒适而又奇幻迷离的视觉美感。

但早期的玻璃制品远远达不到这样的水准，从现存的一些教堂的染色玻璃中我们很容易就能发现，由于其面积太小，绘制图案时画面难以展开，人物、场景显得有些拥挤和凌乱。还有，那时我们欧洲的先辈们尚不懂得什么叫做透视法，作起画来跟中国人和日本人一样，是一种平面的勾勒，无法制造出三度空间的立体效果。所以如果用现在的眼光去审视这些玻璃上的绘画未免让人失望，但如果你忽略它的具体内容，把它看成是一些抽象的图案，便觉着实不错。另外，因为玻璃纯度不够，使整个图案色彩流于单调，也显得有些昏暗。但它所产生的强烈的装饰效果和营造出的恍惚、神秘的气氛却让人流连忘返。

不过，随着时代的发展，许多技术难题迎刃而解。大约在13世纪末到14世纪初，人们制造出了色度较纯的大块玻璃，色彩也变得明亮而丰富了。按说，玻璃画会因此更具艺术魅力，但遗憾的是并未见有太大起色，甚至一些地方还不如从前。比如，由于玻璃面积的增大，表现主体随之增大，故事容量却相对减少，画面显得单薄，色彩也有些杂乱。

现在，我们可以在法国小城勒芒的一座教堂的窗户上，看到这种玻璃烧制技术有了长足发展之后生产出的染色玻璃，而欧洲最古老的染色玻璃我们则可以在奥格斯堡大教堂见到。多年之后，染色玻璃又出现在了英国一些教堂的窗户上，第一个镶嵌上这种玻璃的英国教堂是坎特伯雷大教堂。

染色玻璃为教堂营造出的那种特殊的氛围，使其广受赞誉，并迅速在欧洲各国的教堂和普通建筑中得到了广泛使用。此后，哥特式主教堂都走上了一条追求豪华与堂皇的道路。教会和信徒们都相信，这个色彩斑斓、富丽堂皇仿佛仙境一般的处所就是上

巴黎圣·夏佩尔教堂的西面圆花窗

巴黎圣·夏佩尔教堂的玫瑰窗

威尼斯穆拉诺的玻璃工匠

米兰大教堂的彩色玻璃窗

坎特伯雷大教堂的窗饰

帝的家，他们在这里方可与神灵接近。

现在，各种玻璃的制作工艺更加先进，其运用也更为广泛，价格自然也较为低廉，但在哥特式建筑盛行，同时也是玻璃制造业刚刚兴起的年代，它却是名副其实的贵重物品。由于制作水平的低下，产量十分有限，再加上教堂大量地采用，更是供不应求，另外，由于它的易碎性使其在运输途中存在极大的困难和风险，因而成了价格不菲的宝物，一度贵如白银。在此后的几百年里，得到这样的玻璃成为一代又一代人毕生的渴求。如果你对欧洲那段历史有所了解的话，就不会认为这种说法言过其实。那时，人们居住在黑暗的屋子里，为了采光和通风，他们在墙上掏一个洞，但是到了冬天，凛冽的寒风让人难以忍受，度日如年。这时人们多么希望拥有一扇玻璃窗啊，只要能穿透阳光，阻挡寒风，他们就心满意足了，可是一个普通人家要想在窗户上安装这样的玻璃几乎是一个白日做梦的妄想。

不过，哥特式建筑的兴起却让玻璃烧制师们大发其财，产品源源不断地运往市场，钞票也源源不断地流进他们的腰包。他们夜以继日地工作，但即使这样也难以满足市场的需求。那时染色玻璃受到欢迎的程度实在难以形容，尤其是一种被称为宝石红的染色玻璃可谓稀若珍宝，价值连城。这便是玻璃制造业最为兴旺红火的年代出现的奇特现象，此后也便逐渐趋于平常，玻璃在人们生活中所处的位置同它的价格一样回落到一个较为适当的范围之内了。

后来技术发展的历史告诉我们一个道理，每一次技术进步所催生的崭新成果都会引起人们一阵热烈的追捧，使价格创出新高，但随着技术和产品的进一步完善，成本的急降，以及人们新鲜感的消退，当初的宝贝也便成了人们手中的寻常之物了。

12. 石头的交响乐

这座可敬的历史性建筑的每一个侧面，每一块石头，都不仅仅是我国历史的一页，而且是科学史和艺术史的一页……

简直是石头制造的波澜壮阔的交响乐……

——维克多·雨果《巴黎圣母院》

几乎没有人不知道巴黎圣母院的。

它的名气太大了，它的运气也太好了。世界上有那么多不朽的建筑，那么多伟大的教堂，但不是人人都知道它们，即使知道，它们的名字也未必就个个都响亮。而巴黎圣母院却举世闻名。这不能不归功于与它同名同姓的那部伟大的小说。巴黎圣母院这个名字随着钟楼那沉郁幽婉的钟声和吉卜赛舞女那热烈多情的眼波，袅袅地飘向了远方。

巴黎圣母院的南耳堂

这部小说不仅为它带来了巨大的声誉，还给了它一次新生的机会。1831年法国大文豪雨果完成了他不朽的杰作《巴黎圣母院》，这部小说随即蜚声世界。巴黎圣母院也激起了世界各国的人们热烈的向往。但那时它已经在风雨中挺立了近5个世纪，像一位疲惫而衰弱的老人，满身都是岁月的风尘与战火的洗礼创痕，它早已破败不堪。于是，人们发起了一次规模巨大的募捐活动，社会各界纷纷慷慨解囊，不久，这座古老的建筑被整修一新，重新焕发了生机。

一个世纪又过去了。当今天我们再次站在它面前的时候，那雄伟的姿容和独特的气韵仍然深深地吸引着我们。沉淀其中的那些厚重的岁月，寄托其中的信徒们的美好愿望以及荡漾其中的神秘而肃穆的宗教气氛，又让我们产生一种由衷的敬畏。这时我们会发现，它并非浪得虚名，而是名副其实。这座集宗教、文化、艺术于一身的建筑不仅是巴黎最古老、最宏伟的天主教堂，更是世界上哥特式建筑中最庄严、最完美、最富丽堂皇的成功典范，可以说在欧洲建筑史上具有划时代的意义。

巴黎圣母院怪兽雕刻

在此之前，教堂大多粗糙、笨重而阴暗，给人一种忧伤、压抑之感，而巴黎圣母院则一扫那种郁闷、森然的情绪，以一种明亮、轻快的空间感独树一帜，使人耳目一新，成为教堂建筑的范本，这种风格也很快在欧洲各国流行起来。

巴黎圣母院位于巴黎市中心，屹立在塞纳河西岱岛的中央，你无论在巴黎市区的哪一个方位，一抬头便能见到它高耸的钟楼。碧水的环绕和蓝天的映衬使它更显雍容华贵之态。这座不凡的建筑始建于1163年，由教皇亚历山大三世和法王路易七世共同奠基，历时182年，于1345年建成，是法国建筑史上耗时最长的建筑之一。如今，近600年岁月已使它与这座城市融为一体，当之无愧地成为古老巴黎的象征。

这座宏伟的天主教堂有着典型的哥特式教堂的特点，从外观就能一眼识别，它的大门朝西，其目的是为了让信徒们顶礼膜拜的时候能够朝向东方，因为他们相信耶稣基督就安息在遥远的东

巴黎圣母院集宗教、文化、艺术于一身，是巴黎最古老、最宏伟的天主教堂，更是世界上哥特式建筑中最庄严、最完美、最富丽堂皇的成功典范。

巴黎圣母院以一种明亮、轻快的空间感独树一帜，使人耳目一新，成为教堂建筑的范本。

方天际那迷离的云霭之中。即使你第一眼见到巴黎圣母院，也一定不会把它与罗曼式教堂混为一谈，就像你不会将亚洲人与非洲人混淆在一起一样。哥特式主教堂的大门一般为三道，中央大门正对着中舱，上面有一个直径达十数米的圆形窗户，通常被称为玫瑰窗，据说玫瑰窗的起意是因为玫瑰高洁清雅的气质会让人想起圣母玛利亚。玫瑰窗上镶嵌着五彩斑斓的染色玻璃，阳光从这里透射到教堂里的时候会给人一种亦真亦幻的奇妙感觉。在门券上是一排雕像壁龛，从左至右，横贯教堂正立面，像报纸的通栏标题，醒目而大气。巴黎圣母院不仅是著名的宗教场所，还成为法国历代国王举行登基盛典的胜地，因此壁龛里供奉的则是以色列历代国王的28座雕像。

再看看另外两道大门，它们分别在中央大门的两侧，正对着舷舱，圣母院的这三道大门成为雕刻家们大显身手的地方，厚重的墙垣和深深的门洞为他们留出了创作的空间。大门周围密布着无数精美绝伦的石雕，一圈一圈呈环状、波形往外扩散，有一种纵深感，使人更觉墙体的厚重。雕刻内容多取材于圣经，左右两

巴黎圣母院局部雕刻

圣母院中部壁龛尖削而深邃的拱顶

侧的大门上分别刻有圣母玛利亚和圣母之母——圣安娜的生平故事，中央大门上则是一组表现“最后审判”的雕刻。

在哥特式教堂逐渐取代罗曼式教堂的过程中，参与建造工作的已经不再是修道院的那些被教义腌渍得无情无欲的僧侣，而是具有专业技能的世俗工匠，他们把生活的新鲜气息带进了宗教的领地。他们除了用刀斧在石头上讲述圣母玛利亚的故事之外，还讲述着一个个圣徒的生平，更描绘着日常生活与劳动的场面。通俗、生动、妙趣横生，那些目不识丁的信徒也能轻松地领会蕴涵其中的教义。巴黎圣母院中大量的雕刻作品便集中地表现出这一特征。

巴黎圣母院大门

相对于外部细节，巴黎圣母院的内部则显得非常简约，没有繁复的装饰与点缀，完全让位于彩色玻璃艺术。玫瑰窗以及大大小小方形及长形的玻璃窗上面都绘有宗教题材的故事，色彩绚丽斑斓，镶嵌细致精巧，极具装饰性，更有弘扬教义的作用。

哥特式主教堂的结构大不同于以往的建筑，肋架券、尖券和飞券的使用使建筑内部的空间豁然开朗，巴黎圣母院虽不及亚眠、韩斯和夏特赫，但也达到了5670平方米，比许多主教堂都大，可容纳近万人。中舱虽然不宽，但长且高。走进巴黎圣母院便会有这样的感受：宽敞、通透、响亮、明快。当你从内部仰望它尖削而深邃的拱顶的时候，会不由自主地产生一种向上升腾的轻快之感，雨果和歌德都曾经用树木生长的形态来比喻这种向上升腾的动势。

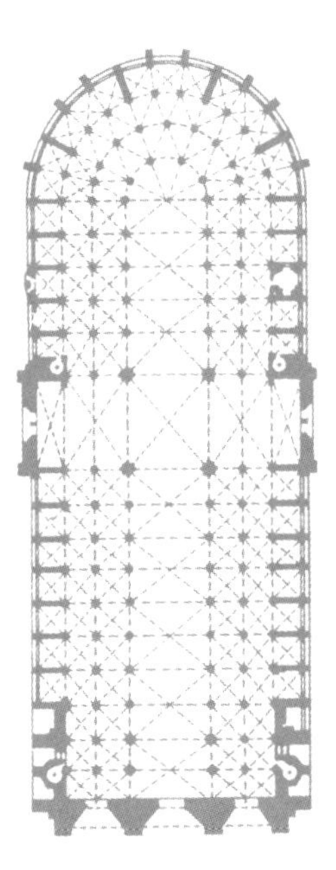
巴黎圣母院六分拱穹顶

巴黎圣母院的内部空间被两排巨大的圆形石柱纵向分割为中舱和左右舷舱，柱与柱之间以尖拱廊相连。中舱是信徒们做礼拜的地方，前面设有讲台，讲台后立有三座雕像，两边分别放置着路易十三及路易十四的雕像。这时你会发现，整座教堂的柱、壁、窗、门以及所有的雕刻与装饰都是由石头构筑而成的，是一座名副其实的石筑的宫殿。你自然会明白雨果那个精彩比喻的含

圣母院内的玫瑰窗

巴黎圣母院神职祷告席的贝壳花饰

义：“简直是石头制造的波澜壮阔的交响乐。”

这的确是一个巨大的石头的宫殿，一首震人心魄的石头的交响乐。马克思在谈到天主教堂的时候曾经说过这样一段话：“这些庞然大物以宛若天然生成的体量物质影响人的精神。精神在物质的重量下感到压抑，而压抑之感正是崇拜的起点。”所以，当你来到巴黎圣母院的时候，你会自然地产生一种对神灵的敬畏。

侧门上端是一对钟楼。巴黎圣母院与一般的哥特式主教堂有所不同，它的钟楼上没有尖顶，整个教堂相对较矮，有66米，而夏特赫主教堂则高达107米，但依然不失其巍峨。沿着狭窄的旋转楼梯，踏上238级台阶，便来到了圣母院最高层的钟楼，一口巨钟赫然在目，青铜铸就，重达1吨。想必这就是当年钟楼驼侠卡西莫多敲响的那口铜钟吧。据说，许多年来，有无数的人从世界各地慕名而来，为的是寻找钟楼上丑陋而善良的敲钟人，并在暮色中聆听那凄婉忧郁的钟声。然而，许多年了，这口铜钟哑然无声，不再为谁而鸣响，只在浩荡的寂寞里默默地散发着青冷的寒光。

如今，人们只能在礼拜日的晚上听到飘自巴黎圣母院的管风琴的呜咽。

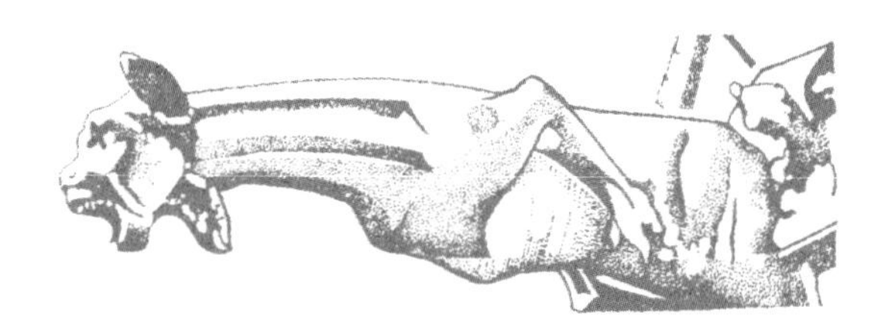

巴黎圣母院怪兽状檐槽喷口

13. 圣彼得大教堂

在有着漫长宗教历史的欧洲，我们最常见到的大型建筑就是各个时期不同风格的教堂。教堂最初只是基督教徒们举行宗教仪式的处所，到13世纪前后基督教文明达到了巅峰时，教堂的规模也随之不断扩大，成为显示财富与势力的载体。教会为使教堂显得更加精美、堂皇和具有神秘气氛而动用的各种艺术手段，也因为找到了发挥的巨大空间而得以进一步发展，并形成了具有宗教色彩的各种艺术形式。从某种意义上讲，教堂本身就是一个令人眼花缭乱的艺术博物馆。

圣彼得大教堂穹顶

罗马的圣彼得大教堂就是这样的一座具有巴罗克风格的宗教与艺术的圣殿。这不仅因为在这座世界上最大的天主教堂里陈列着无数的艺术珍品，更因为在它长达一个多世纪的建造历史上，文艺复兴时期几乎所有重要的建筑师和艺术家都参与过教堂的设计和装饰。拉斐尔、米开朗琪罗和贝尔尼尼就是其中最为著名的三位，他们为教堂的建设倾尽了毕生的心血。圣彼得大教堂可以说是众多艺术家、工程师和劳动者智慧的结晶，它不仅代表着16世纪意大利建筑艺术的最高成就，更是意大利文艺复兴时期一座不朽的艺术丰碑。同时，它也成为欧洲天主教徒们朝拜的圣殿。

罗马圣彼得大教堂是一座具有巴罗克风格的宗教与艺术的圣殿

俯瞰圣彼得广场

圣彼得大教堂坐落于梵蒂冈的广场中央，梵蒂冈实际上就是以这座教堂为主体的一个巨大的圆形广场。令人意想不到的是，在这个只有0.44平方千米的世界上最小的国家，竟有着世界上最大的教堂和圆顶建筑。不过，你倘若知道这个弹丸小国曾经是罗马教廷的所在地，你就不会对这里拥有一座恢弘的罗马天主教的中心教堂感到疑惑不解了。

一直以来，罗马天主教神学界都认为彼得是圣彼得大教堂的第一任首领和罗马第一任大主教，同时，人们还相信他是耶稣身边的人，是耶稣最忠诚的门徒。在基督受难后，彼得率领教徒们来到罗马传教，但不幸的是不久他就被罗马皇帝杀害了。后来，人们为了纪念他，就在他殉教的地方建起了这座教堂。圣彼得大教堂便是以他的名字命名的。今天我们可以看到，在大教堂内还供奉着圣彼得的铜像。相传触摸铜像的右脚就可以得到神的保佑，天主教的信徒们对此深信不疑，在经过无数只虔诚的手掌摩挲之后，呈现在我们眼前的铜像右脚已经明显小于它的左脚了。

圣彼得大教堂的修建最早可追溯到公元4世纪的康士坦丁大

帝时代。那时，在圣彼得大教堂原址上就已经建起了一座规模不大的教堂。1450年，教皇尼古拉五世下令在那座教堂的原址上修建一座更加气派的大教堂，其目的在于显示天主教的非凡实力，并使周围的基督教建筑相形见绌，从而使天主教和教皇的地位得到进一步巩固。当时，这一艰巨而重要的历史任务落在了佛罗伦萨建筑师罗塞利诺的肩上，他负责整个工程的设计和施工。但工程尚未动工，教皇尼古拉五世却一命呜呼，再加上资金短缺等诸多因素，修建新教堂的计划胎死腹中。

建造圣彼得大教堂的纪念章显示出布拉曼特的巨大圆顶设计方案

直到半个世纪之后，这一宏伟的计划才又得以付诸实施。1506年，圣彼得大教堂在罗马教皇尤里乌斯二世的主持下破土动工。尤里乌斯二世是圣彼得大教堂建造历史上第二位重要人物，他为教堂的建设作出了重大贡献。他首先起用了布拉曼特做工程的总监理人，他相信布拉曼特定能不辱使命，以最快的速度设计并建造完成圣彼得大教堂，因为这位有着丰富经验的建筑设计大师此前一直担任着罗马所有工程的总监理人。布拉曼特此时有一种强烈的预感，他将要付诸实施的是一项不朽的伟业，于是，他迅速地投入了工作，并提交了预算，但始料未及的是，他得到的答复是，教皇已经破产。

布拉曼特设计的罗马蒙托里奥教堂院内的小神庙

但教堂依然要建。那么，钱又从何而来呢？也许发行豁免券

圣彼得大教堂不仅代表着16世纪意大利建筑艺术的最高成就，更是意大利文艺复兴时期的一座不朽的艺术丰碑。

梵蒂冈拉斐尔厅

圣彼得大教堂内部华丽精美的装饰

是一个不错的主意，于是这种从十字军东征时就已经出现过的玩意儿又死灰复燃了。教廷变本加厉地硬性推销，聚敛钱财，虽然凑齐了修建教堂的资金，但搞得民不聊生，怨声载道，激起了人民的极大愤慨。社会矛盾日益激化，加之神学教授马丁·路德对罗马教皇严重违背基督教教义的这一行为进行的强烈抨击，引发了历史上有名的一场宗教改革运动。新教便在这场运动中应运而生。

教廷从大众身上搜刮到足够的钱财之后，这项宏大的工程又重新开工了。布拉曼特毅然决定拆除原有的教堂，重起炉灶，并希望将新教堂建成希腊式十字架形。也许是布拉曼特对工作过分认真和投入，因而积劳成疾，工程尚未取得重大进展，便命归黄泉。教皇不得不重新物色能担当这一重任的人选。很快，布拉曼特年轻的乌尔比诺同乡拉斐尔接手了布拉曼特的工作。拉斐尔就是那位我们熟知的文艺复兴时期的大画家，那时，他年仅31岁。雄心勃勃的拉斐尔决心一展身手，工作也十分卖命，但他并不知道自己正在透支着生命，再加上他身体原本就十分虚弱，可怜的拉斐尔6年之后便不幸英年早逝。

此后，教皇又聘请了好几位建筑师以继续拉斐尔未竟的事业。但这些人只是单纯从事建筑的工程师，缺乏艺术底蕴，加之他们又都是些自以为是的家伙，总是各执己见，设计方案朝令夕改，最终使工程无法推进。赶走了这帮唧唧喳喳争吵不休的家伙，教皇又请来了当时意大利最有影响的建筑师安托尼奥·达·桑迦洛。这位勤勤恳恳的建筑师虽然终身都在为教堂的建设贡献力量，但他的工作方针和能力阻碍了工程的进展。达·桑迦洛对布拉曼特和拉斐尔的风格不以为然，他要以自己的方式来建造大教堂，他对拉丁式风格情有独钟。尽管他热情很高，但要驾驭这样庞大的工程，的确显得有些力不从心。

米开朗琪罗

接下来出场的便是著名的米开朗琪罗了。1547年米开朗琪罗在受命主持这项巨大工程的时候已经72岁，他决定继续采用布拉曼特的设计方案，只在原有的基础上进行了一些修改，增加了一些长廊和山墙，加固了中央柱子，以便进行圆形屋顶的建设，

西斯廷礼拜堂天顶画局部（米开朗琪罗　意大利）

就是在教堂十字形平面的中心点上，建造一个线条优美的半球形的穹窿拱顶。整个设计方案虽然没有做大的结构性的改动，只是在许多细节上增删了内容，但米开朗琪罗的个人风格依然显露无遗。同时，他还整肃纪律，颁布了赏罚分明的条例，使工程进度和质量都得到了保障。

1564年，在为教堂的建设工作了17年之后，89岁的米开朗琪罗带着无尽的遗憾撒手人寰，因为此时他倾尽心血的大教堂依然没有竣工，教堂主体只建到了鼓座部分。米开朗琪罗无法知道，50年之后教堂才随着内部装修的完成而最后完工。但可以告慰米开朗琪罗英灵的是，后继者没有改变他所钟爱的圆形屋顶，基本上是按照他的构思进行建造的。

米开朗琪罗设计的圣彼得大教堂的穹顶

在大教堂竣工的前一年，即1605年，教皇保罗五世即位，这位十分新潮的教皇又有了他新的想法，他觉得米开朗琪罗的风格并不合他的口味，他欣赏的是达·桑迦洛那种拉丁式的建筑造型，于是请人将教堂的长度增加了许多，并在长廊的柱子上加上了一层巴罗克风格的装饰物和三跨的巴西利卡式大厅。这个画蛇添足的举动不仅没有为教堂增色，反而使过去简洁而华美的圆形屋顶顿然失色——那些过于繁缛的装饰物和大量堆砌的圣徒雕像已经破坏了它原有的韵致，显得有些俗气，然而，却颇受时人的欣赏。

贝尔尼尼设计的圣彼得大教堂华盖

又过了许多年，来自那不勒斯的雕塑家贝尔尼尼成了教堂的最后一位建筑师，他给了教堂一个漂亮的结尾。贝尔尼尼对教堂内部的风格进行了多样化的设计，并在教堂前补建了环形柱廊，形成了椭圆形和梯形两进广场，使整个教堂形成了一个极其宏伟的建筑群体。这就是今天我们看到的圣彼得大教堂的模样，它呈一个十字架形，并有一个巨大的圆形拱顶，拱顶直径达到了41.9

米，穹顶下室内最大净高为123.4米。而穹顶上方十字架尖端的高度则达到了137.8米，创造了当时工程技术的一个高峰。教堂的总面积达49737平方米，可同时容纳6万人。教堂内共有11个大小不同的礼拜堂和45座祭坛。教堂内雕塑和镶嵌画随处可见，人多出自名家之手。穹顶正下方的祭坛上是贝尔尼尼所作的铜铸华盖，为巴罗克艺术的重要作品。在教堂内墙及天花板上陈列着米开朗琪罗的多幅画作和数尊雕刻作品。圣彼得大教堂内的无数绘画、雕刻和藏品以及教堂本身都堪称是艺术史上不可多得的珍品。

贝尔尼尼于1656年设计的圣彼得广场也为大教堂增色不少，广场为椭圆形，是圣彼得大教堂重要的组成部分。广场长340米，宽240米，两侧建有呈弧形的两排巨大而相互连接的柱廊，从高处俯瞰，柱廊仿佛教皇张开的一双手臂，将前来参加弥撒的信徒拥入自己的怀抱。柱廊顶端屹立着140尊圣人雕像，广场中央耸立着一座高26米的方尖石碑，石碑顶端竖着一个十字架，底座上卧着4只铜狮，两侧各有一个喷水池。圣彼得广场可以说是意大利巴罗克时期的建筑杰作，被称为世界上最对称、最

贝尔尼尼设计的圣得列萨

贝尔尼尼设计的圣彼得大教堂的祭坛

壮丽的广场。广场建成以后与教堂融为一体。站在广场远观教堂，其全貌可一览无余，更显出教堂的壮丽与雄伟。据说，当年每个星期天的中午12点，来自世界各地、数以万计的信徒都会齐聚广场，这时，教皇站在教堂的窗口向信徒们致晨祷词，人们屏息聆听……想想，那该是一种怎样庄严而肃穆的场景。据记载，自1870年以来，几乎所有重要的宗教仪式都是在这里举行的。

圣彼得大教堂建造的历史，从公元4世纪西尔维斯特一世在他祖先的陵墓上奠基，到1626年11月18日教皇乌尔班八世为大教堂竣工揭幕，其间经历了漫漫13个世纪的沧桑岁月，凝聚着代表了各个不同时期艺术风格的大师们的智慧和艺术理想。因此，今天我们也很难界定圣彼得大教堂究竟是属于哪个时期的艺术作品。它过于漫长的建筑过程使它具有了太过丰富的艺术内涵和非凡故事。它使我们感到沉重，也感到富有。

当我们在欣赏圣彼得大教堂这件巨大的艺术作品时，我们将不会在意它是属于罗马风格还是希腊风格，是巴罗克艺术还是洛可可艺术，我们知道它是无与伦比的艺术精品这就够了，它给了我们那么多的艺术享受，我们因此心怀感激。

圣彼得大教堂广场中间的方柱石碑

14. 路易十四与凡尔赛宫

1682年5月6日，法国国王路易十四同他的家庭、大臣、侍卫等迁往凡尔赛宫。

无论从哪个角度讲，路易十四都算得个人物，一个大人物！他比任何一个和他一样的强权君主对自己统治的国度所产生的影响都要深远，他在他生活的那个时代的政治和社会生活中深深地烙下了自己的痕迹。他对艺术的痴迷与狂热，他的精明与睿智，在生活上的奢侈与糜烂都无不让人慨叹。在17世纪下半叶到18世纪初叶的那段时期，路易十四这位雄心勃勃而又风花雪月的君主向人们展示了他在方方面面的情趣与品位。无论是房屋的建造还是饮食的种类，不管是礼节仪式抑或娱乐消遣，他都无所不精。了解那段历史的人不会忘记，戏剧、音乐、歌剧、芭蕾无一不是从路易十四的宫廷中流传开来的。他创造了一个“伟大的时代”，他制定的那些标准与规范，使他所钟爱的一切都显得那么完美无缺。

无可否认，法国的路易十三和奥地利的安娜所生的这个儿子的确与众不同。当他还只是个光着屁股的4岁小孩儿的时候，便有祥云罩顶，紫气拂面，他登上君王的宝座，开始了不同凡响的生涯。尽管这个小家伙初涉政坛的时候对政治的兴趣丝毫不比玩游戏更浓，但他已经表现出一位早慧君主的聪颖与睿智。当他刚刚长大成人，那股君王的霸气与才气便不可掩饰地浮漾在他那张英俊的脸上。人们马上明白，这是一位有着宏图大志的君王，与他懦弱的父亲路易十三迥然不同，他精于权术，毅力非凡，有着令人望尘莫及的才华和雄心，他表现出一种治大国如烹小鲜的气概。而在另一些场合，人们又看到一个温文尔雅而又神气活现的君王，他喜欢头戴一副大号的假发，脚蹬一双红跟的便鞋，他喷香水，他喜欢跳舞的时候疯狂地旋转。总之，他是个魅力十足的人，人们畏惧他又拥戴他。他管理着一个强盛的国家，前后长达72年，这个记录无人能破。

然而，他的帝国最终还是因为他的挥霍无度与连年的战事走向了衰落。连年战事是因他晚年在处理国家事务中的屡屡失误所致。而所谓挥霍无度，最典型的事例便是，他倾尽国库修建他所

在尚博尔城堡的路易十四

钟爱的凡尔赛宫。

没有哪一座流芳百世的伟大建筑不是强权的结果和人民血汗的结晶。为了建造圣彼得大教堂，罗马教廷开始发行豁免券，聚敛钱财，搞得民不聊生。巴黎圣母院的建造大多也是靠市民捐献，所以人们说巴黎圣母院是老太太的小硬币建造起来的。而泰姬陵的建造则耗尽了印度莫卧儿王朝所有的家当，“一座建筑葬送一个王朝”的故事人们至今耳熟能详。同样，金碧辉煌的凡尔赛宫也萦回着一段关于奢华、荒淫、艺术、荣耀与帝国衰落的故事。

1624年初夏的一天，天高云淡，爽风拂面，法国国王路易十三忽然游兴大发，唤了随从，备了好马，扛了猎枪，一队人马浩浩荡荡奔巴黎郊外而去，国王要去青山绿水间舒爽心胸。在距巴黎市中心18千米的西南郊一个叫凡尔赛的小镇，皇家马队的杂沓蹄声忽然停止，路易十三立于马背四下观望，脸上浮出喜色，他发现这是一个难得一遇的世外桃源。

的确，那是一个水草肥美，景色宜人的好地方，四周茂密的森林里氤氲着清凉湿润的水雾和朦胧的诗意，森林里各种动物欢腾跳跃，鸟鸣蝉唱不绝于耳。路易十三随即决定将这里圈定为皇家狩猎场，并在此修建庄园，作为皇室成员狩猎时的行宫。

这便是最早的凡尔赛宫。自然，其规模和档次完全不能与后

气势磅礴的凡尔赛宫，在设计上糅合了巴罗克与古典主义的风格，给人以端庄、雄浑之感。

1667年路易十四视察皇家哥白林花毯工场

来路易十四在此重建的凡尔赛宫相提并论。路易十四的凡尔赛宫建筑与御花园共占地100多万平方米，动用3万多劳工和建筑师以及6000多马匹，耗资约合1亿美元，历28年建成，成为西方古典主义建筑的杰出代表。

有关路易十四建造凡尔赛宫的缘由，流传着这样一个故事。1661年的一天，财政大臣福盖满脸喜色地前来邀请国王路易十四去参观他刚刚建成的孚·勒·维贡私人府邸，路易十四一向对建筑和园林颇有兴趣，便兴致勃勃地应邀前往。可是，当他来到孚·勒·维贡府邸的时候，脸色突然阴沉了下来，因为呈现在他眼前的是一座宏伟、精巧而又极尽豪华的建筑，还有一个巨大的美丽花园。这使路易十四大受刺激，他感到自己至高无上的权力受到了挑战，福盖居然可以住在这样的地方！而他——伟大的路易十四竟然还住在陈旧不堪的凡赛纳宫和枫丹白露宫！路易十四妒火中烧，他决定立即为自己建造一座远远超过孚·勒·维贡的豪华宫殿，一座“有史以来最大最豪华的宫殿”！然后再给得意忘形的福盖一点点教训。

路易十四骑马铜像

三周之后，还沉浸在乔迁喜悦之中的福盖，忽然被五花大绑投入大狱，他被路易十四以贪污营私罪判处终身监禁。收拾掉福盖，路易十四为之心胸一爽，接下来要做的便是将建造孚·勒·维贡的原班人马悉数召至凡尔赛，重新规划他的豪华宫殿。这是一批优秀的建筑师、造园家和画家。其中儒勒·哈杜安·芒萨尔尤其值得一提。

凡尔赛宫前的青铜塑像

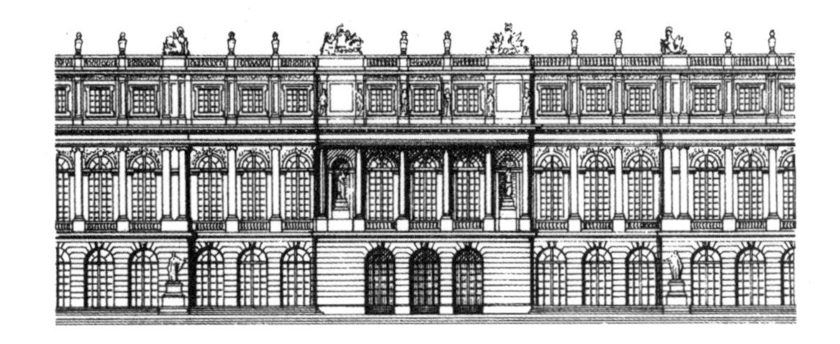

芒萨尔设计的凡尔赛宫

芒萨尔这个名字非同一般，它会使你联想起曾一度在法国十分流行的一种高耸的屋顶，这种屋顶就叫芒萨尔，这便是以他的名字命名的。尽管这种屋顶并不是芒萨尔设计的，但因为他的努力而使这种屋顶广为流传，因此人们愿意用他的名字来称呼这种屋顶。

芒萨尔设计的巴黎荣军院穹顶

凡尔赛宫并非芒萨尔一个人设计，这样一项浩大的工程即使一个人穷其毕生的精力、时间与智慧也是无法完成的，它是一群优秀的建筑师和艺术家集体智慧的结晶。这批人中最主要的也是最优秀的几位除了芒萨尔，还有建筑师勒·伏、造园家安得烈·勒·诺特尔和画家勒·博亨等等。但芒萨尔也的确功不可没，凡尔赛宫的礼拜堂和著名的带镜长廊都是他的杰作，他还负责完成了凡尔赛宫的中心部位以及大特里亚农宫的建设。以至于现在许多人都认为他是负责凡尔赛宫工程的唯一建筑师。

凡尔赛宫内的斗橱

不仅如此，此前他还曾设计完成了位于伤残军人安养院内的恩瓦立德新教堂和其他一些著名的建筑。国王路易十四对这位才华横溢的青年建筑师欣赏有加，曾钦定他担纲设计了自己情妇蒙特斯庞侯爵夫人的一座别墅。后来他还完成了许多杰出的作品，其中最著名的是对巴黎的城市布局起着控制作用的旺道姆广场，又叫路易广场或者“征服者的广场”，用以歌颂路易十四的功绩。芒萨尔只受雇于路易十四，他工作勤奋，效率惊人，深得国王的赏识。

凡尔赛宫的王妃寝宫

作为君王的路易十四是个不可一世的家伙，他固执、残忍、阴毒、霸气，但作为一个有着艺术情结的人，他却谦逊、随和、可爱。他懂得尊重艺术家的创作，从不对他们指手画脚或者提出一些愚蠢的建议。他总是知人善用，为他们创造宽松的创作环境，并在最适当的时候交给他们最合适的工作。他不仅为建筑

雍容华贵的镜廊是凡尔赛宫中最辉煌的部分。镜廊之闻名不只它建筑与装饰的精巧与华美，更因它与许多历史事件紧密相关。

师和艺术家们的创作提供了足够的资金支持，还多次下令提高他们的生活待遇和经济收入，他经常跟建筑师和艺术家们一起就设计规划上的一些问题进行讨论，但从不将自己的观点强加于人，他们成了很好的朋友。路易十四还将爵位赐予他欣赏的建筑师芒萨尔和画家勒·博亨，这一举动令宫廷贵族大为不满。在这些人的眼里，建筑师和艺术家不过是些匠人，社会地位几乎与宫廷小丑等同，现在居然也封官加爵起来，这令他们难以接受。但路易十四却大声地对他们说："你们听着！我在15分钟之内就可以册封20个公爵或者贵族，但是，需要几百年甚至更长的时间才能出一个芒萨尔！"此话一出，那些发泄不满情绪的贵族们顿时噤若寒蝉，满脸尴尬地悻悻告退。

1688年的凡尔赛宫鸟瞰图

路易十四对他的大臣从来不苟言笑，更不会对他们有任何亲热的举动，但对造园家安得烈·勒·诺特尔却十分亲切。那时勒·诺特尔正在为他建造凡尔赛宫大花园，勒·诺特尔的设计屡屡受到路易十四的重奖，路易十四频频召见勒·诺特尔，并亲手把奖金交给他。勒·诺特尔和他开玩笑说："陛下，您总是这么慷慨，我担心这么下去有朝一日您会破产的！"路易十四开怀一笑，并上前和他拥抱。勒·诺特尔成为宫廷大臣中唯一可以与国王亲切拥抱的人。可见路易十四对这位造园家的敬重，也足见凡尔赛宫在他心目中占据着怎样重要的位置。

凡尔赛宫迪亚娜厅的壁炉

的确，路易十四自1682年住进凡尔赛宫直到去世也没有离开过它，这里不仅成了他的皇宫，也成了国家的行政中心。路易十四终于实现了他的心愿，将它建成了历代最庞大、最富有、最强权，也最富魅力的君主制的中心。凡尔赛宫的每一个细节都体现了当时法国社会的政治观点与生活方式。在此之前，除了古罗马，欧洲还没有哪一个国家能够完成这么浩大的工程，它是专制政体特有力量的产物。且不说它的建筑与花园，就单说对自然环境的改造就让人不可思议。凡尔赛宫所在地原本沼泽暗布，路易十四麾下庞大的施工队伍不惜代价，抽干沼泽，将森林外迁；又从全国各地运来大量泥土，夯实地基，平整土地，修建花园；还掏挖水渠，人为地改变几条河流的流向，使145千米外的河水流入路易十四喜爱的喷泉和人工水池当中。

芒萨尔在凡尔赛宫建筑的设计上糅合了巴罗克与古典主义的风格，严谨而又富于变化。主体建筑是一座以香槟酒和奶油色砖石构筑的庞大宫殿，可谓气势磅礴，被称为正宫。它以东西为轴线，形成南北对称的格局。正宫的屋顶采用了平顶的建筑方式，给人以端庄、雄浑之感。而内部陈设和装饰则呈现出“洛可可”建筑装饰风格的富丽奇巧与靡费考究。雕刻、油画均出自名家之手，家具、饰物、工艺品荟萃了世界各地的精华。宫中有许多豪华的大厅，其中最为著名的要数“镜廊”，这也是芒萨尔的杰作。1680年，芒萨尔在凡尔赛宫朝西面向大花园的那一面的正中，别出心裁地盖起了这个长廊，成为凡尔赛宫建筑中的一个亮点。

凡尔赛宫的国王寝宫

这是一个长73米，宽10.5米，高12.3米的长廊，拱顶上布满了场面宏大的绘画，描绘的是路易十四征战德国、荷兰、西班牙大获全胜的情景，这是画家勒·博亨的作品。长廊朝西的方向开有17扇通透的落地式玻璃窗，而同样大小的17面镜子与每一扇窗户一一相对，故称“镜廊”。镜廊的每一面镜子都由483块小镜片组合而成。镜中映照着窗外花园的美景，使空间豁然

凡尔赛宫的维纳斯厅

造园家安得烈·勒·诺特尔

增大，并给人一种扑朔迷离的梦幻感，是典型的意大利巴罗克风格的体现。当年，路易十四常在此夜宴狂欢，轻歌曼舞中，不知今夕何夕。数百支蜡烛和三排水晶吊灯放射出的耀眼光芒在镜中跳跃，在人们的眼里闪烁，在金银器具上流淌，尽显声色之地的豪华与奢靡。

“镜廊”之闻名不独它建筑与装饰的精巧与华美，更因它与许多历史事件紧密相关。1871年，那位普鲁士的铁腕首相俾斯麦就是在这个长廊里宣布成立德意志帝国的。而在第一次世界大战中战败的德国，也不得不在协约国的迫使之下在这里签订和约，这就是著名的《凡尔赛和约》，德国皇帝的统治由此宣告结束。

凡尔赛宫正宫两侧是国王及皇后居住的宫殿。那时法国贵人大多住在宫里，据说光路易十四的侍从就有1.4万多人，500人伺候他吃饭，100人伺候他起床，更多的人伺候他睡觉。所以曾有人说过：“所有能够想象得出的华贵物品你都能在凡尔赛宫里找到，一切能想得到的舒适与享乐的方式也都曾在凡尔赛宫中发生过。”

由芒萨尔始建的凡尔赛宫中的小教堂

凡尔赛宫的另一个重要组成部分是凡尔赛宫皇家园林。16世纪初期，法国也和意大利等许多国家一样，浸润在了从西班牙刮来的那股热爱园艺的风潮之中。法国王室对园林情有独钟，兴趣盎然，开始大兴土木建造园林。许多优秀的园艺师纷纷从意大利聚集到法国，决意在此大显身手，他们不仅建造了一大批杰出的建筑，还为法国培养了一批杰出的园艺新秀。后来修建凡尔赛宫园林的已完全是法国自己的园艺师了。而安得烈·勒·诺特尔则是其中最杰出的一位，他是当之无愧的法国古典主义造园艺术大师。只要我们来数一数他的作品，就会知道为什么人们会称

凡尔赛宫镜廊由17扇通透的落地式玻璃窗和17面镜子组成

镜廊的每一面镜子都由483块小镜片组合而成，是典型的意大利巴罗克风格的体现。

他为“建筑史上最著名的园艺建筑师”了。除了凡尔赛宫中花园，他还建造了孚·勒·维贡府邸、枫丹白露宫花园、圣日耳曼花园和圣克卢花园。英国汉诺威王朝时期许多诸侯们的私家花园也是他的杰作。

和所有成就卓著的艺术家一样，勒·诺特尔一生勤奋，忘我工作，一天有16个小时泡在工地上。凡尔赛宫花园的建造用了11年的时间，这期间，他和他的助手以及所聘请的100多位雕塑家夜以继日地工作，建成了这个世界著名的大花园。它对欧洲园林艺术的走向产生了极大的影响。几百年来，欧洲皇家园林几乎都遵循了它的设计思想。

没有参观过凡尔赛宫的人往往会想当然地产生这样的看法：凡尔赛宫的建筑是最能表现路易十四时代精神的，是最具代表性的艺术。其实不然，最能代表路易十四时代的艺术既不是建筑也不是绘画、雕刻或者别的什么艺术，而是园林。法国古典主义造园艺术是最能淋漓尽致表现那个“伟大时代”的伟大风格的，因为那不是一个“汲汲于小东西的时代”，那是一个追求恢弘与壮丽的时代。

凡尔赛宫坐西向东，园林位于它的身后，亦即西面，占地面积100万平方米。它是由大运河、瑞士湖和大小特里亚农宫等几

凡尔赛宫路易十四卧室的壁炉

个主要部分组成的。正宫旁侧即为大小特里亚农宫，大特里亚农宫是路易十四于1687年为自己建造的行宫，宫中设有72个房间和舞厅。遥想当年，路易十四大宴宾客于此，舞步飞旋，笙歌达旦，该是怎样一番升平盛世的迷乱与交欢！75年之后，路易十五受大特里亚农宫的启发，建造了小特里亚农宫，据说建造此宫的目的是路易十五为了讨他的情人蓬巴杜夫人的欢心。

园林入口处是一个由花叶组成的迷宫。长达3千米的中轴线纵贯东西，统领全园。两侧密布着几何网格式道路，主次分明，是中央集权政体的形象化体现，给人一种皇权至尊的威严感。园林东端是一个花园，中间有两个水池，水池两边南北向又分布着两个植坛，南北植坛外侧分别是密植着橘树的花圃和掩映在浓阴之下的喷泉小径。花圃紧临着一个硕大的人工湖，晴天朗日之下，天光云影徘徊其间；阴雨霏霏之际，烟波荡漾，气象万千。此湖名为瑞士兵湖，以纪念建造这座园林的王家近卫瑞士兵团。北侧喷泉小径则直通另一景色幽深的湖泊——海神湖。

凡尔赛宫城堡花园的箭袋和战锤装饰

而水池西向，赫然一座圆形大喷水池，名为拉东纳喷泉。池中兀立一尊拉东纳像。拉东纳为希腊神话中太阳神阿波罗之母。她为宙斯生下阿波罗之后，天后将她赶出天宫，流亡人间，她不得不向农夫们乞食过活，而农夫们却将唾沫啐她一身。天神宙斯

枫丹白露的宫殿和园林

凡尔赛宫的大特里亚农宫

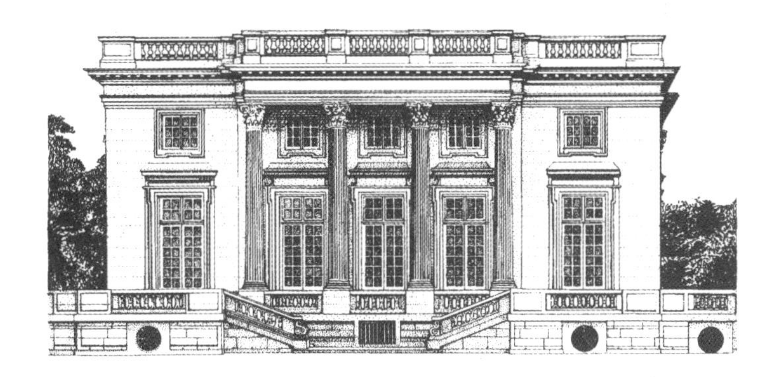

雅克·昂热·加布里埃尔设计的小特里亚农宫

得知此事，怒而发威，将那些侮辱拉东纳的农夫变成了癞蛤蟆。这尊雕塑便是以这个故事为依据创作的，四周从癞蛤蟆嘴里射向她的泉水暗喻着农夫们吐向她的唾沫，拉东纳用手遮挡着水柱，保护着怀里的阿波罗。这一细节又仿佛在讲述着有关路易十四幼年的一段往事。那时，他初登王位，遭到了贵族们的围攻，是母后的保护使他闯过了人生的第一道难关。

喷泉西面是一片茸茸的绿地，它有一个好听的名字："绿毯"，也有人叫它"王家大道"。两旁是一些白色石像，它们都是从神话中走来的人物，在大片绿色的映衬下，显得格外醒目。再往外有树阴浓密的小园林，小园林中有假山、环廊、水剧场和许多雕像，它们与四周的绿意融合在一起，仿佛天成，好似神造，为整个园林的点睛之笔。

再往西是一个大水池，被浓密的树林所环绕，水池中一组表现太阳神阿波罗驾着马车奔驰巡游的铜像，是为颂扬路易十四而铸。路易十四一向以太阳神自比，称"太阳王"。大文豪雨果的一首诗便是对此最好的一个注解："见一双太阳，相亲相爱，像两位君主，前后走来。"当夕阳西下，彩霞满天的时候，大水池

凡尔赛宫的园林最能淋漓尽致地表现那个“伟大时代”的伟大风格

凡尔赛宫的拉东纳喷泉

宫内水池中一组表现太阳神阿波罗驾着马车奔驰巡游的铜像，是为颂扬路易十四而铸。

里倒映着一轮金色的太阳，这便是所谓的“一双太阳”，而“两位君王”则当然是指阿波罗与路易十四了。凡尔赛宫中无处不留下路易十四的痕迹，他把所有的艺术手段都调动起来荣耀自己并制造王权崇拜。这位酷爱荣耀的君王一生都乐此不疲，他说，荣耀是对于生命本身的一种崇高致敬，它“甚于其他任何事物”。

然而，路易十四为了建造他视为“荣耀之丰碑”的凡尔赛宫，不惜使国力衰微。1715年，路易十四离世前的某一天，衰弱的他手牵着5岁的曾孙（也就是在他死后登基称帝的路易十五）在凡尔赛宫花园散步的时候，感慨万端，一丝淡淡的酸楚与悔意涌上心头，他说：“孩子，我从不怀疑你将像我一样成为一代伟大的君王，你会创造奇迹，但你千万不要承袭我对建筑的爱好，那是一个奢侈的爱好；更不要学我的嗜好征杀，那是一个血腥而残酷的嗜好。你要与邻邦友好相处，你要竭尽全力使你的人民享受和平，得到幸福。”

64年之后，即1789年，法国大革命爆发，路易十六从凡尔赛宫出逃，很快在发棱被群众拘押，次年被送上断头台。作为封建专制制度象征的凡尔赛宫从此被废弃。1833年，“七月王朝”首脑路易·菲利普下令整修凡尔赛宫，后辟为国家历史博物馆。

15. 洛可可艺术时期的欧洲建筑

洛可可艺术风格最早产生于18世纪的法国。所谓Rococo(洛可可)，其涵义为“贝壳形”，源自法文rocaille，意指以岩石和蚌壳装饰为特点的艺术风格。从18世纪初叶到中后叶的大约一个世纪里，这种风格在欧洲各国乃至世界许多国家都十分流行。这一时期正值法国国王路易十五统治时期，即1715～1774年间，因此也有人称之为“路易十五式”。

德国维斯教堂内景

正当巴罗克艺术渐趋式微，洛可可艺术便接踵而至。这两种风格形成了鲜明的对照，洛可可风格以纤细、轻巧、华丽和烦琐的装饰特性迎合了人们的审美趣味，取代了以豪华、浮夸、宏大与气势著称的巴罗克风格。一时间，C形、S形和螺旋形曲线以及清淡柔和的色彩充满了人们的视野。

洛可可风格在欧洲大行其道，但它并非纯欧洲的，这与以往流行的艺术形式大为不同，洛可可风格当中融入了东方特别是中国清代的工艺美术的一些元素。从庭院布置、室内装饰到服装款式，都无不散发着中国艺术的意韵。从16世纪末叶便开始流行的中国热，在洛可可风格勃兴时期达到了高潮。丝织品、瓷器、漆器成为人们日常生活中不可或缺的东西，迷恋来自中国的艺术成为当时一件时髦而又风雅的事情。

德国维斯教堂

洛可可风格的产生是对法国古典主义原则的一种反叛，但并非意大利巴罗克风格的一个反对。洛可可风格产生的一个重要原因，就是人们对自身需求的了解，这使人们的艺术观念发生了巨大的转变。那时的艺术家们普遍认为，艺术应当服务于生活，生活的艺术是要营造一种温馨舒适的氛围，而无需去追求那种宏大与壮丽的气势，大而无当于生活毫无意义，因此在建筑方面便呈现出一种小巧和精致的特点。庭院式建筑很快成为一种新的建筑时尚，人们都热衷于修建小花园，园内假山与植物相映成趣，曲径与回廊相得益彰。建筑师们一反过去的做法，认为建筑不应该只图外观的宏伟与壮丽，而应该在让居住其中的人感到舒适上下工夫，在建筑的表面大做文章无疑是一种舍本求末的愚蠢做法。

慕尼黑阿梅连堡的厅堂

总之，一切都变得更加人性化了。

洛可可建筑风格的盛行使人们在居室的装饰上更加注重营造温馨浪漫的气氛。的确，那一时期的人们特别是那些上流社会的男男女女简直像着了魔似的，成天忙碌着装扮他们的居室。他们不仅注重营造整体的氛围，还在细节上大做文章：镜子安放的位置，家具色彩与窗帘的搭配，这些都大有讲究；对日常使用的咖啡壶、烛台、蜡烛吊灯、杯子、碟子以及作为装饰品的瓷器，他们都要讲究产地和品质。这一来，他们的居室确实今非昔比。除了进行必要的户外活动之外，他们愿意选择待在家里。这使得以

奥地利申布伦宫

希尔德布兰特设计的维也纳眺望楼

德国波茨坦的桑苏奇宫是典型的洛可可风格的豪华宫殿

建于18世纪中叶的奥地利王宫的教堂，内部的巴罗克空间融入了洛可可曲线的装饰手法。

教会为中心的各种活动转向了以家庭为中心的沙龙。这样的沙龙与以往的沙龙有所不同，现在，各种绘画展览和艺术活动也常常在这里进行。所有的人都对这种充满艺术气氛和高雅情调的沙龙充满了兴趣。人们穿着华贵的礼服，擒着精巧的酒杯在富丽堂皇的客厅里自如地穿梭，他们彬彬有礼，他们高谈阔论。

建筑史习惯于将著名的凡尔赛宫建筑划归古典主义建筑的范畴，但凡尔赛宫的装饰风格却不容置疑地属于洛可可风格。凡尔赛宫在法国建筑业中独占鳌头，使其他建筑风格相形见绌，难以得到更大的发展。

下面，我们把目光转向奥地利，那里的情况则大为不同。哈布斯堡王朝的统治者在宫殿建造上的雄心和品位决不输于住在凡尔赛宫中养尊处优的人们，他们决心建造一座胜过凡尔赛宫的宫殿，于是便请来了意大利

俄罗斯圣彼得堡的冬宫广场

建筑师尼果罗·巴卡西，在维也纳郊外一个猎场的废墟上建起了一座宫殿，取名为申布伦宫。这座宫殿的确像他们希望的那样，超过了凡尔赛宫。

皇帝住在镶金嵌银的豪华宫殿里过着骄奢淫逸的生活，这似乎是天经地义的，但各地的大领主们也雄霸一方，极尽奢华之能事，也敢与皇家斗富。天高皇帝远，他们不受管束，先后修建了无数豪华的宫殿。

奥地利申布伦宫内景

奢靡攀比之风裹挟着洛可可风格很快在奥地利形成蔓延之势，人们趋之若鹜，竞相效仿。一向虔诚的国家教会也成了跟风一族。那些坐拥金山的主教和大主教们突然发现过去那种敦实、笨重的巴罗克建筑已经十分陈旧，很不对他们的口味，于是决定不计代价，用那些让他们赏心悦目的洛可可风格的装饰物来重新装扮他们的教堂和修道院。于是，在奥地利随处可见洛可可之风留在那些宗教圣殿上的痕迹。无论是本笃会大寺院还是圣约翰大

从镀金穹顶远眺冬宫广场上的亚历山大石碑

教堂，周身都嵌满了轻盈、华贵的饰物。

洛可可艺术之风吹向德国，腓特烈大帝首先感受到了它的魅力，他是个多少对建筑有点研究的人。他很快有了一些设想，随后又把一位有名的建筑师召来，和他共同设计了一座耗资巨大的宫殿，这就是位于波茨坦的桑苏奇宫。这座典型的洛可可风格的豪华宫殿，从外观设计到内部装饰都十分考究，尽显皇室宫殿的富贵、威仪与装饰风格的细腻、工巧。宫殿还与周围的环境十分协调，成为一处不可多得的人文景观。不久，腓特烈大帝的妹妹在拜罗伊特相中了一块风水宝地，也修建了一座豪华的宫殿，其耗费的资金和所具有的艺术价值均不亚于她哥哥的桑苏奇宫。

俄国也是一个概不拒绝外来文明的国家，这倒不是因为它具有包容性文化的缘故，而是因为它什么都没有，一穷二白，只好借用别人的东西。在艺术史尚未翻开“现代”这一页的时候，它

英国威斯敏斯特宫，是英国议会所在地，也是英国最高的立法机构。它是世界上最大的哥特式建筑和英国著名的宫殿之一。

英国某市政厅立面，其壁柱上的小尖塔则是与哥特式的尖顶相呼应。

的状况的确如此。斯土斯民，仿佛还未“开化”。而后来这个灾难深重的泱泱大国在现代艺术上为人类作出了巨大的贡献，似乎是上天对它的补偿，抑或是厚积薄发?

当洛可可艺术热热闹闹地在欧洲风行之时，俄罗斯广袤的土地上却一片沉寂。在此之前，一批来自欧洲并意欲在那里寻求发展的艺术冒险家惊讶地发现，这个他们希望成就一番事业的国度里没有欧洲式的艺术，画家们还死抱着几百年前拜占庭时期的传统画法当宝贝，他们思想保守，观念落后，就连莫斯科那个最为开化的城市，人们一见到裸体雕像和绘画就会啧啧惊叹，认为伤风败俗。当第一口进口大钟撞出的沉闷而悠远的声音响起的时候，他们感到从未有过的惶恐，因为在他们听来这种声音和他们想象当中魔鬼的声音十分相似，于是就把那口大钟沉到了海里。至于建筑风格就更无从谈起了，这让那些外国艺术家们大为失望。

伦敦特威克纳姆的浆果山别墅

但这些都没能动摇彼得大帝重建自己国家的决心。他首先打算在波罗的海芬兰湾的东岸建造一座新的首都（就是后来的圣彼得堡），他雄心勃勃地准备将它建成一座像阿姆斯特丹那样的城市，因为阿姆斯特丹是他心目中最完美的城市，他曾在那里度过了美妙的学生时代。他把这项巨大的城市建设工程交给了一批荷兰人来完成，并许诺付给他们高额的报酬。但这位雄才大略的陛下却竟然有点不讲信用，在钱的问题上显得有些抠门儿。那些离乡背井的荷兰人辛辛苦苦地干了一阵子之后才发现彼得大帝的许诺只是一张空头支票，都纷纷拂袖而去。无奈，彼得大帝只好又从法国、德国和意大利招来一拨艺术家和工匠继续这一工程。这回彼得大帝好像没忘了付钱，因为圣彼得堡最终建成了。

伦敦奇兹威克府邸

不管怎么说，彼得大帝还算是个文化、艺术的有心人，愿意在这方面有所作为。在此之前，他曾化名秘密出国旅行，考察西欧的文化、艺术和科技，后来又有意扶持本土为数不多又独具价值的民间艺术。1717年前后，他还在圣彼得堡创建了俄罗斯戈布兰布毯厂和皇家瓷厂。为了艺术的发展，他又从国外引进了一些艺术家，希望他们能为俄罗斯艺术带来生机。渐渐地，由那些外来艺术家带来的洛可可艺术的种子也在俄罗斯广袤的版图上找到了生长的土壤。

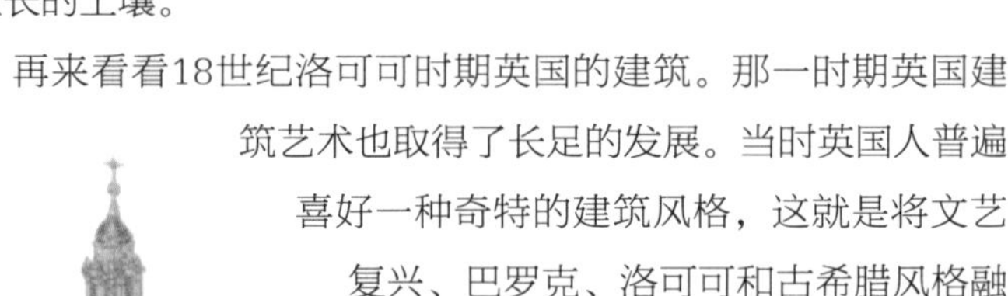

再来看看18世纪洛可可时期英国的建筑。那一时期英国建筑艺术也取得了长足的发展。当时英国人普遍喜好一种奇特的建筑风格，这就是将文艺复兴、巴罗克、洛可可和古希腊风格融合在一起的崭新风格。同时，他们依然怀念几百年前罗马时代流行的哥特式建筑风格。他们在一块土地上大兴土木，修建最时髦的洛可可建筑时，旁边同时动工的也许就是一座哥特式风格的建筑。时至今日，英国各地都还随处可见这样的建筑，这里成了哥特式建筑仅存的一片土地。聪明的英国人有这样的本事，他们能够

伦敦圣保罗大教堂结构示意图

伦敦圣保罗大教堂

雷恩设计的教堂钟塔

把各个时期不同风格的建筑修建在同一块平地或山坡上，而绝不会让人感到别扭和不协调。

在英国，建筑业的兴旺事实上远远早于绘画。就在一个世纪前绘画艺术还很不景气的时候，建筑业就已呈现出勃勃生机。应该说这与一个激情澎湃的人有着密切的关系。他就是英尼戈·琼斯。

琼斯1573年生于伦敦，他的裁缝老爹决心让他的儿子将来成为一个能打出漂亮家具而且受人尊敬的高级木匠。于是在琼斯还是一个少年的时候，父亲就把他送到一个细木工那里去学习手艺。本来琼斯也打算成为父亲希望的那种人，但一个偶然的机会改变了琼斯的人生道路。一次，一个贵族无意间见到了琼斯随意画的一幅画，惊叹于他的绘画天赋，竟然愿意承担所有的费用，送他到意大利去学习风景画。在意大利学习期间，琼斯发现自己虽然在绘画上天赋过人，但他对建筑的兴趣似乎超过了绘画。于是，他毅然决定改学建筑，并立即起程前往威尼斯拜师。在那里他得到了一部对他建筑风格的形成产生重要影响的著作，那就是意大利著名建筑师安得烈·帕拉地奥的《建筑学手册》。这部书使他成了一名坚定的古罗马建筑风格的追随者，但他的风格并不是古罗马风格的翻版，它融入了琼斯对建筑的深刻理解和现代建筑的元素，从而形成了一种全新的风格。

这位全身都洋溢着古典主义情怀的建筑师很快就成了建筑业的新秀，人们对他刮目相看。不久，他就得到了一个进一步施展才华的机会，他被选中担任丹麦国王克里斯蒂安四世即将新建的两座宫殿的设计师，因为前不久国王看中了丹麦菲特烈斯堡和罗森堡的两块宝地，决定在这两处各建一座宫殿。这两项浩大的工程当然非琼斯莫属了，于是他远赴丹麦一显身手。果然，他不负众望，圆满地完成了任务。当他荣归故里的时候，又被詹姆士一世任命为宫廷建筑总监。此后他还主持修建了许多重要的建筑，这些建筑无不体现着琼斯那浓郁的古典主义风格。最为典型的一座建筑便是他奉命为查理一世设计的新皇宫，简直活脱脱就是一座意大利文艺复兴时期的宏伟建筑，洋溢着罗马遗风。但遗憾的是，琼斯的这一设计由于始料不及的因素而未能一一付诸实施。接下来，一场更是无法预料的灾难顷刻之间降临到他的头上。因为琼斯曾经组织过几场当时宫廷流行的假面舞会，竟然遭到了清教徒们的强烈抨击，还被讥为“弄臣”，并惨遭迫害，他倾尽家产方才幸免一死。但不久琼斯还是在贫病中含恨而去，去时他身无长物，一贫如洗。

更令人痛心的是，那些凝聚着建筑师30年心血，本可长留于天地之间的建筑，却在1666年伦敦发生的一场大火中化为灰烬。

此外，还有一位了不起的建筑师值得略书几笔，这就是克里斯托弗·雷恩，他的名字您未必熟悉，但他的作品您一定不会陌生，那就是圣保罗大教堂。这是英国著名的一座建筑，也是克里斯托弗的代表作。尽管现在看来这座教堂有不少地方存在着缺陷，但仍不失为一座伟大的建筑。它的内部不像许多大教堂那样有一种压抑感，而是那么安静和宽敞。

雷恩曾经是一位著名的数学家和天文学家，他的兴趣是后来才转向建筑的。1666年的那场使琼斯30年心血毁于一旦的大火同时也将伦敦市区的大片街区付之一炬。后来国王请雷恩用一种具有现代意味的风格重新设计布局这些街区，本来雷恩可以大显身手，在废墟上建起一个布局合理、设施一流的崭新街区，使那些过去狭窄的街道和破败的建筑焕然一新，但他的方案遭到了许多商人的反对，那些商人不知是出于怀旧还是别的什么原因，坚决要求恢复以前的原貌。雷恩的方案被迫宣告流产，他不得不去做

雷恩设计的伦敦规划总图

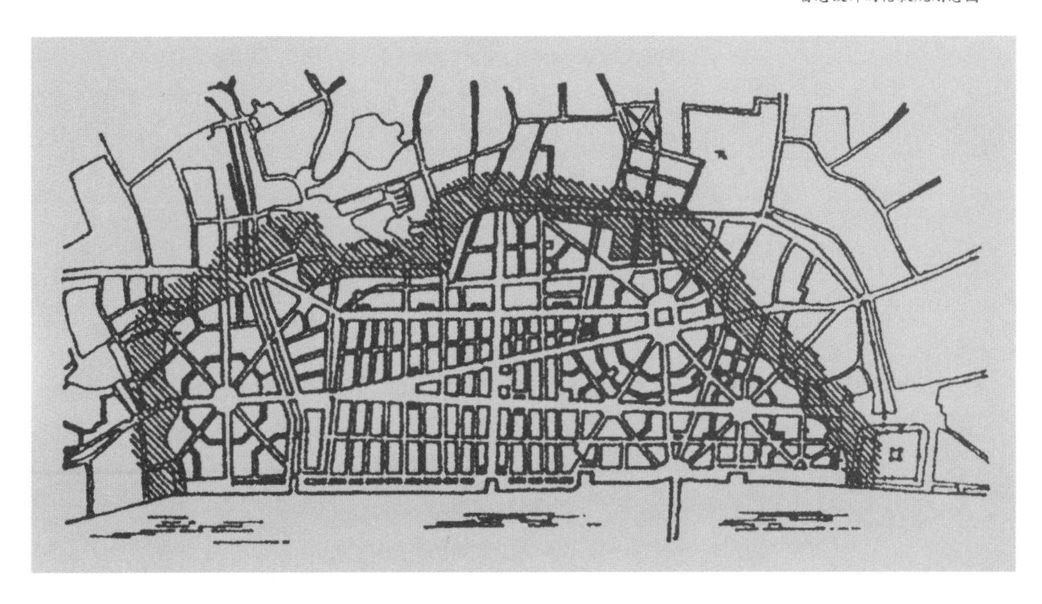

巴黎苏俾斯府邸的椭圆形沙龙是洛可可风格的代表作

些别的什么，比如，设计新的教堂便成了他的一项新的工作，但是他的才华依然受到很大的限制，他只被允许在一些教堂的原址上进行重建。谁都不会怀疑，如果给他更大的空间和自由，雷恩的作品就会比今天我们见到的要好出若干倍。

毋庸置疑，洛可可风格有着它独特的魅力，它强烈的人性化倾向是前所未有的，它的富丽精巧与细腻瑰丽的气派展现着人类一个繁荣时期的风流。然而，这种来自宫廷的贵族艺术却有着它与生俱来的致命缺陷——它只为少数人所享用。当一个社会绝大多数的财富都集中为少数人的生活服务的时候，绝大多数人的生活将陷入贫困潦倒的境地，这些人终身为别人的享乐而劳作，从不知幸福为何物。而一个贫富悬殊极大的社会，注定是一张只有三条腿的四方桌，总有一种力量会使它倾覆。洛可可风格和它所依附的那个浮华、奢靡的时代最终在随后而至的法国大革命的洪流中土崩瓦解。

今天，欧洲各地依然存留着一些洛可可时期的建筑，但在我们的眼里它们更像是一座座浮华时代的墓碑，而其中富丽豪华的装饰更像是一句句意味深长的墓志铭。

16. 凯旋门

有兴趣翻阅这本书的读者肯定不会不知道凯旋门，是啊，凯旋门谁不知道？就是法国巴黎市中心星际广场上那座为纪念得胜还朝的拿破仑军队而建造的巨型圆拱门嘛！大多数的人会不容置疑地这么说。但事实上犯了一个小小的概念混淆的错误。凯旋门并不仅指这座坐落在巴黎市中心的圆形拱门，而是欧洲常见的一种建筑样式，正如它的名字那样，无一不是为欢迎皇朝军队得胜归来而修建的纪念性的建筑物。所以，凯旋门自然不只一座。如果你去过欧洲，你就会明白这一点。除了巴黎凯旋门之外，较为大型的凯旋门我们还能数出好多座来：柏林凯旋门、罗马凯旋门、米兰凯旋门……更为不可思议的是，仅西班牙首都马德里就有大大小小的凯旋门1000多座。

由封丹那和拜尔西耶设计的巴黎小凯旋门

公元70年，罗马皇帝提图斯亲率大军出征耶路撒冷，并以摧枯拉朽之势扫平了这座宗教圣城。为纪念这一胜利并彰显皇威，提图斯在罗马修建了有史以来第一座凯旋门，这种新奇的建筑样式和它具有的独特功用，使世界各国的统治者纷纷效仿，此后，凯旋门成为一种流行的建筑样式，遍布各地。而法国巴黎的凯旋门则是其中最大的一座，所以人们都记住了它，甚至一提到凯旋门就当然地想起它来。许多人在欧洲各国都见到过凯旋门，但依然固执地认为巴黎的凯旋门才是真正的凯旋门。今天，巴黎凯旋门几乎成了凯旋门的代名词，细细想来，也的确名副其实。

巴黎凯旋门始建于1806年，建成于1836年。1806年2月22日，拿破仑一世在奥斯特里茨战役中打败了奥俄联军，胜利归来，在经过星际广场的时候，受到了民众的热烈欢迎，拿破仑于是灵感突发，决定在此建筑一座城门，以迎接日后得胜还朝的法军将士。当年8月15日，这一大型工程破土动工，负责工程方案设计的是法国建筑大师夏尔格兰。但建设过程并非一帆风顺，由于种种原因，其间屡遭波折，工期长达30年，直到1836年7月29日才最后完工。但这在欧洲众多古老的建筑当中已算得神速，欧洲那些大型的建筑工期动辄上百年，耗费的财力、物力和人力都

拿破仑

罗马君士坦丁凯旋门

是我们今天的人们难以想象的。这座高50米、宽45米的凯旋门用30年时间建成，在当时实在算得是一个短平快的工程。

关于这一工程建设的起因还另有一说：据传拿破仑原配约瑟芬没有生育能力，不能为皇室传宗接代，这令拿破仑大为不快，于是决定另娶一室，以续皇族香火。同时为了与奥匈帝国搞好关系，拿破仑便娶了奥皇的女儿玛丽路易丝。为了举办一个别具一格的盛大婚礼，拿破仑决定建造一座凯旋门，届时他将和新娘在众人的簇拥下，穿越凯旋门，步入罗浮宫举行婚礼。但这个说法的真实性值得怀疑，史料上也不见有类似的记载。拿破仑不可能不预见到这一工程将要耗费掉的时间是足以让他的新娘变成一个老太婆的。

拿破仑的妻子约瑟芬

但谁都没有料到的是，当这一宏伟建筑最终矗立在巴黎星际广场的时候，这位曾经叱咤风云的帝王悄无声息地病死在圣赫勒拿岛上已经有15个年头了。但凯旋门是由拿破仑下令修建的，这一点不容置疑。和所有专制帝王一样，拿破仑也不遗余力地调动所有的艺术手段来颂扬他的统治并彰显皇威，建造凯旋门当然是他认为的最佳手段。

这座凯旋门叫做“雄师”凯旋门，坐落在巴黎市中心星际广场的中央。其高度达到了49.4米，宽44米，厚22.3米，规模远远超过了历史上任何一座凯旋门，显得尤为壮观，其气势之大，无以复加，充分体现出“帝国风格”那种庄重威严的气魄。“雄师”凯旋门的形制与罗马凯旋门差别较大，它不再用柱式来装饰巨大的墩子，这样使整个建筑显得更加雄浑壮丽。“雄师”凯旋门的每一个立面都刻有巨型浮雕，四面有门，门内刻有跟随拿破仑远征的386名将军的名字。还有4块浮雕记录着重大战役的情况，其中最著名、最具艺术价值的一幅浮雕是古典雕刻家弗朗索瓦·路德的不朽之作——《1792年志愿军出发远征》，描绘的是拿破仑于1792～1815年间征战各国的事迹。后来的法国国歌《马赛曲》即由此而产生。这块浮雕在19世纪的法国，以至世界雕刻史上，都有着十分重要的地位。

在修建凯旋门之初，原本打算将大门前后的四块巨型浮雕

俄罗斯冬宫前的广场及凯旋门

巴黎市中心的雄狮凯旋门

都交由路德来进行设计，但后来不知什么原因又改变了主意，路德最终只接手了其中的一件。路德果然出手不凡，他的作品无论在思想上还是艺术上都远远超过了其他几件。在雕刻过程中，路德没有拘泥于对一些具体细节的描述，而是以极为简练的手法，大刀阔斧地勾勒出了一个典型的场面：一位女神手持长剑凌空欲飞，女神之下是一个老军人和一个裸体男孩，4名战士怒目圆睁，斗志高昂。整个雕刻只有7个人物，却以少胜多，刻画出了千军万马气吞万里如虎的气势。浮雕作品突出的主题是，号召人们为保卫新生的共和国而战斗。同时，为拿破仑军队大获全胜而举行的庆祝仪式的宏大场面也被刻在了门墙的上方，所有征战将领的名字都被刻在拱门的内墙上（不仅如此，凯旋门所在的位置是巴黎12条大道的交会点，这些大道有许多是以法国著名将领的名字命名的）。1920年11月凯旋门下又建起了一处“无名烈士墓”，墓前镌刻有这样的墓志铭：“这里安息的是为国捐躯的法国军人。”据说，无名烈士墓前燃起的火焰终年不灭，以此纪念在战争中阵亡的150万名法军将士，也寓意法兰西共和国永远兴旺强盛。此后，每天都有无数满怀敬意的人们来此献花。每年法国国庆日，盛大隆重的庆祝活动都要在凯旋门下举行。

法国奥朗日古凯旋门

另外，还有一座凯旋门与拿破仑有关，这就是巴黎的卡鲁塞尔凯旋门，又叫小凯旋门。1805年拿破仑率军对邻国进行征讨，取得一系列的胜利，为纪念这些辉煌的胜利，拿破仑下令于次年修建这座凯旋门，这座凯旋门由皮埃尔·弗朗索瓦·封丹那和沙尔勒·拜尔西耶设计、建造，工期只有两年。如果你见过罗马的塞蒂米奥·塞韦罗凯旋门，你会觉得卡鲁塞尔凯旋门完全就是它的翻版，特别是那纪念性建筑结构和它上面的雕塑饰物几乎如出一辙。与星际广场的“雄师”凯旋门不同的是，它只有三个圆拱门；而相同之处则是，上面浮雕的内容都是歌颂拿破仑丰功伟绩的。它的两侧有八根科林斯石柱，门的前后有六块浮雕，门楣中央雕刻有八个拿破仑时代士兵的形象，而门的最高处则有四匹奔跑的骏马，正中是拿破仑的雕像。

由路德设计的巴黎雄狮凯旋门上的浮雕

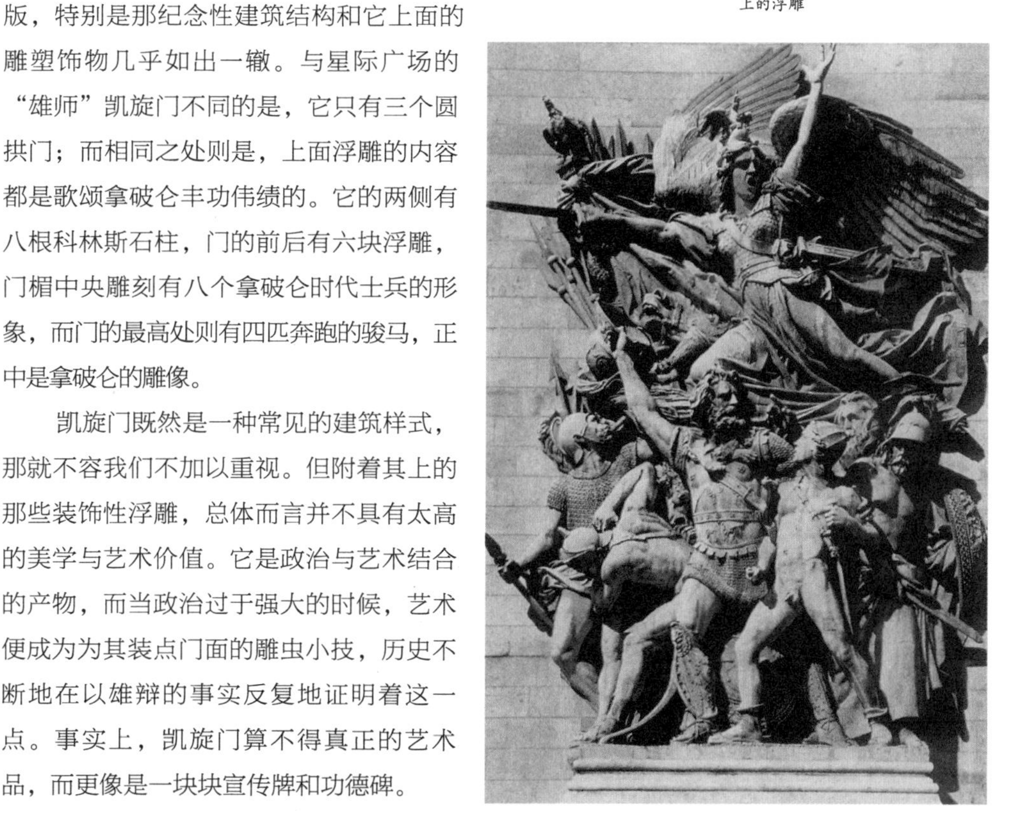

凯旋门既然是一种常见的建筑样式，那就不容我们不加以重视。但附着其上的那些装饰性浮雕，总体而言并不具有太高的美学与艺术价值。它是政治与艺术结合的产物，而当政治过于强大的时候，艺术便成为为其装点门面的雕虫小技，历史不断地在以雄辩的事实反复地证明着这一点。事实上，凯旋门算不得真正的艺术品，而更像是一块块宣传牌和功德碑。

17. 从古典到现代

马若雷尔设计的楼梯栏杆

斗转星移，时序更迭，人类开始书写“近代”这一绚烂的历史章节。始于18世纪中期的英国工业革命以及它所带来的社会、思想和人类文明的巨大进步成为这一章节当然的主题。这场革命史无前例，它以技术革命的方式参与对意识形态及社会关系的干预和影响。这股洪流以摧枯拉朽之势，冲击着固有的思想与体制，并以空前的魄力重建世界。建筑就在这场洪流中跌宕、沉沦，然后再获新生。

在过去若干个世纪的漫长岁月里，建筑的历史书写着皇权与专制的尊贵。具有纪念性的大型建筑在各个时代都上演着辉煌的剧目，无论是为皇室所独享的宫殿、府邸、陵寝，还是普通百姓也可光顾的广场、庙宇、教堂、浴室等公共建筑，都无不是为荣耀皇权与教会至尊服务的。那是一个又一个多数人为少数人的幸福服务的时代，尽管百姓对普通住宅的需求远远超过了那些大型的纪念性建筑，但没有谁愿意去为他们住宅的舒适与美观耗费钱

托马斯·杰斐逊设计的弗吉尼亚的蒙蒂塞洛住宅

财和精力。他们贫穷、卑贱，被排除在建筑的历史与建筑师们的视野之外，建筑和建筑师都是些嫌贫爱富的家伙。

然而，19世纪，一个建筑的新纪元缓缓启幕。这时，建筑不再是以往某种风格的“复兴”，任何的复兴与改良都无法满足这个崭新时代的需求，从功能到形式，前所未有。

霍尔塔设计的塔塞尔大厦内部

前面我们在叙述漫长的建筑发展历程的时候，似乎都能用某种风格对某个时代的建筑特点加以概括，也可以用某一风格的代表作品作为“点”，并以点带面地对这一风格进行介绍。当我们知道雅典卫城囊括了古希腊建筑的基本特点的时候，我们就对古希腊建筑有了一个大致的了解。当我们了解了建造古罗马大角斗场的历史与成因的时候，我们就把握住了古罗马建筑的主脉。然而，当我们试图描述19世纪建筑风貌的时候，却有一种无所适从的感觉，因为这再也不是某种风格可以一统天下的时代，代之而起的是一些崭新的建筑风格。它是工业革命和资产阶级民主革命催生的建筑的新芽。

德国柏林宫廷剧院

在工业革命使新材料、新设备和新工艺不断涌现的同时，资产阶级民主革命的浪潮也席卷了整个欧洲，城市的迅速兴起和市民在社会生活中地位的逐步提高，使建筑的功能和风格也随之发生了极大的变化，产生了许多新的建筑类型。比如直接服务于普通百姓生活的仓库、码头、盐场、图书馆、博物馆以及邮政局、

布隆尼亚设计的巴黎证券交易所
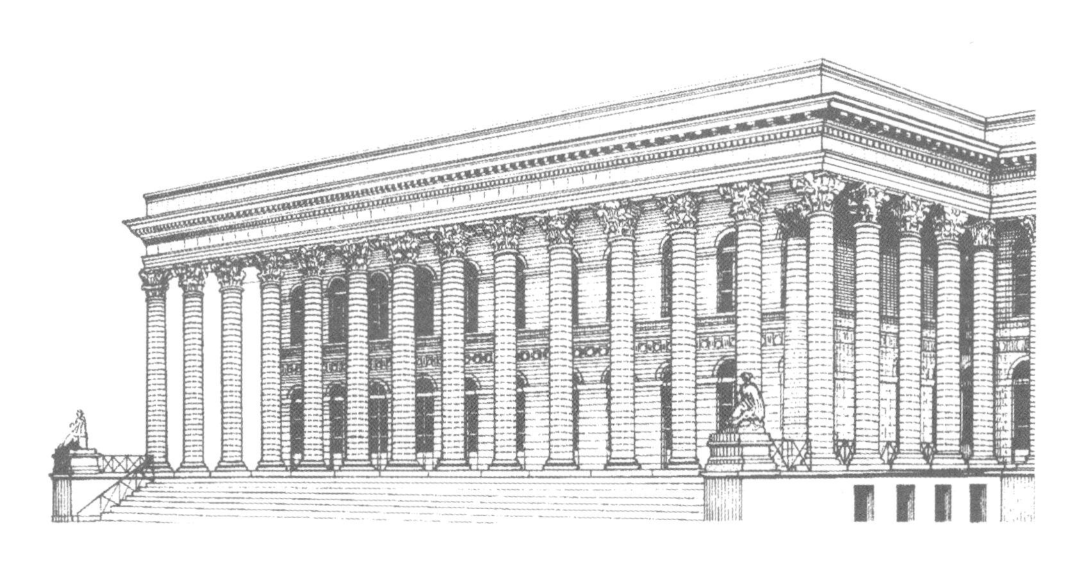

由火车站改建而成的法国奥塞美术馆

证券交易所、医院、学校和银行大厦等。这些建筑都是由于功能的需要而产生的，是全新的建筑形制，因而没有可以参照的范本，这既给建筑师们提出了新的挑战，又为他们的创作提供了广阔的发挥空间。

建筑学上有一个著名的定义：材料决定形式。一位欧洲建筑学家曾说过这样一句话：“在各种艺术形式中，再没有什么比歌唱和文学更不依赖于材料的了，也再没有什么比建筑更依赖于材料的了。”有一个很好的例证，那就是：混凝土材料的出现催生了拱券技术，拱券技术最终造就了辉煌的古罗马城。这使我们明白，材料之于建筑是何等重要。

有两种材料对19世纪建筑的形制产生了深刻的影响，那就是钢铁和玻璃。客观地讲，这两种材料的诞生并不是因为建筑，以金属和玻璃作为建筑材料的历史可以上溯到古代，但并未大量使用，直到19世纪它们才被广泛地运用到了建筑当中，成为一种重要的建筑材料，并带给建筑以崭新的风貌。

19世纪，随着城市的兴起，大型公共建筑不断出现，这些

英国塞文河谷上的铁桥

巴黎埃菲尔铁塔

法国斯坦尼斯瓦夫广场上的铁门

公共建筑与以往的公共建筑有所不同，不再是庙宇、教堂、浴场或角斗场之类，而是图书馆、火车站等功能全新的建筑。同时，城市人口的增加也迫切需要这些公共建筑有着比以往任何时候都更大的容量。因此对建筑提出了新的要求，活动空间的宽大成为最重要的一点；其次，还要有良好的采光和防火功能。于是，钢铁材料的运用便成为了必然，只有这种材料才能承担起这样重要的角色。钢铁超凡的承载能力使构建大跨度的建筑并产生巨大的空间成为了可能。这类建筑中最成功的实例便是巴黎的圣热内维埃夫图书馆和国家图书馆，这两个图书馆都是建筑师拉博卢斯特的作品。钢铁框架建筑并非拉博卢斯特的首创，它始于18世纪末叶，而走向成熟却是19世纪中期的拉博卢斯特时代，那时，在设计和材料的运用上更趋合理，在艺术表现形式上也更为巧妙了。

这种以生铁框架代替承重墙，而使外墙立面不再负担重量，进而增大建筑空间和采光量的结构方式，最初在美国被大量采用。巴黎的圣热内维埃夫图书馆，便是初期生铁框架形式的代表作品。以此为例，我们来看看这座建筑都有些什么样的特点。

圣热内维埃夫图书馆呈长方形，在长方形的阅览室中央树立着一排铸铁的立柱，用以承载屋顶的重量。这些柱子不同于古希腊的爱奥尼和多立克，也不同于哥特式主教堂的巨大立柱，简

拉博卢斯特设计的巴黎圣热内维埃夫图书馆

拉博卢斯特设计的巴黎国家图书馆

伦敦圣潘克瑞斯车站的站棚

直可以用纤细来形容它们。这些柱子在屋顶向左右呈弧形伸展开去，形成两个半圆形拱顶，拱顶的另一侧分别被两边厚重的外墙托起，这样，长方形的阅览室便被中央的那排立柱分割为两个长方形阅览室，两个长形拱顶覆盖其上。架起拱顶的弧形铸铁券和中央立柱一样，显得纤细轻巧，有镂空的花饰，线条简洁，造型美观。相形之下，外墙显得厚重，但窗户开度很大，光线充足，使室内空间更显宽敞，整个建筑给人以轻灵、舒爽之感。从建筑的结构原理上看，它与哥特式主教堂有相似的地方，但它绝不是对哥特建筑简单的模仿，而是一种全新思维的创新之作。不过拉博卢斯特在图书馆的外观设计上似乎并没有太大的突破，乍一看依然觉得没有多少新意。

圣拉扎尔火车站
（莫奈　1877年）

此外，还有一种大型的公共建筑也和图书馆一样，大量采用钢铁构件和玻璃，看上去别具一格，这就是火车站。那时火车刚刚问世不久，火车站也是一种新的建筑类型，既没有可以因循的程式，也没有什么成规，给建筑师留出了很大的发挥空间。火车站的站棚看上去当然不像是传统意义上的建筑，而像一个巨大的

维多利亚女王与未来的国王乔治五世、爱德华七世和爱德华八世。

为伦敦第一届世界工业产品博览会而建造的水晶宫

棚子，或者是一个直接放在地面上的建筑的拱顶。伦敦的圣潘克瑞斯车站的站棚就是建筑师别出心裁的设计，它简直就是用钢架编织起来的一个弧形大棚，其跨度达到了74米。此前，没有任何建筑可以达到这样的跨度，只有钢铁构件能够完成设计者的这一大胆构思，这使站棚看上去空间开阔，气势盛大。拱顶上镶嵌有许多的玻璃，用以采光，室内显得明亮爽洁。当然，除此之外还有采用别的方式构建的站棚，比如桁架式。无论是哪一种，都创造出了前所未有的建筑形制，令人耳目一新。

这类建筑的一个共同的特点便是，建筑的周期被大大缩短。圣热内维埃夫图书馆建于1858年，10年后竣工，而圣潘克瑞斯车站的站棚和下面将要提到的伦敦水晶宫都只用了一年的时间。

伦敦“水晶宫”是维多利亚女王的丈夫阿尔伯特亲王专为1851年伦敦第一届世界工业产品博览会而建造的一座展览馆，是擅长建造钢铁和玻璃建筑而闻名的英国园艺师帕克斯顿设计的，这位园艺师用了3000多根铁柱，2000多根铁梁和9万多平方米的玻璃构筑起了这座不朽的杰作，堪称英国工业革命时期的代表性建筑。整个建筑宽敞明亮，晶莹剔透，因此被人们称为“水晶宫”。

1851年的世界工业产品博览会结束之后，“水晶宫”被拆开运到伦敦南部肯特郡的塞登哈姆重新组装起来。在此之前还没

帕克斯顿设计的伦敦水晶宫

水晶宫在创造巨大的室内空间上探索出了一条新路

有任何大型建筑可以像这样自由拆装，而这个拆装的过程也只用了不到两年的时间，可谓神速。此后“水晶宫”被改造成为具有多种功能的建筑，人们在这里举行各种演出、展览会、音乐会和其他娱乐活动。20世纪30年代，“水晶宫”不幸毁于火灾。

巴黎歌剧院的立面

“水晶宫”虽然是一座结构和用途都较为单纯的建筑，但它在建筑史上具有十分重要的意义。在创造巨大的室内空间上它探索出了一条新路；比之以往同等规模的建筑，它的成本大幅度降低；它是新材料和新技术完美结合的典范之作；在形式与结构、形式与功能的统一上也达到了一个前所未有的高度；在装饰风格的选择上它将古典主义坚决地排除在外，确立了一种全新的建筑美学观念。正如一位中国清朝官员所形容的那样，“水晶宫”“一片晶莹，精彩炫目，高华名贵，璀璨可观”。此后，人们开始接受古典之外的东西了。晶莹、轻巧、明亮、简洁的建筑风格成为一道道赏心悦目的风景。

巴黎歌剧院柱头局部

帕克斯顿因成功地设计、建造了“水晶宫”而被封为爵士，同时他也在建筑史上留下了自己的名字。

19世纪的建筑风格纷繁杂陈，既有因新材料新技术的产生孕育出的崭新建筑样式，也有各种风格的“复兴”。那些新的样

戈尼尔设计的巴黎歌剧院

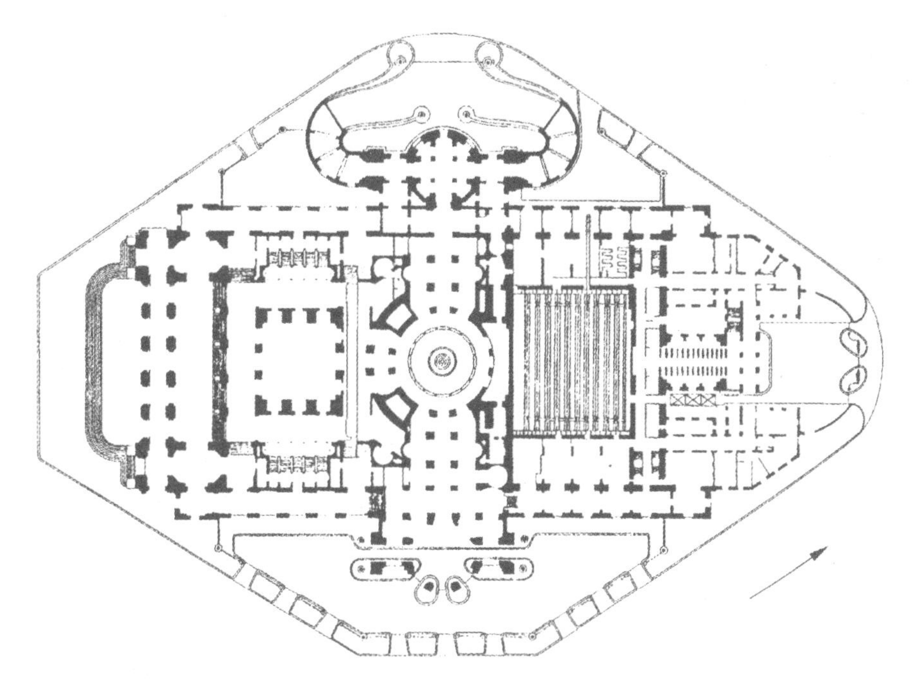

巴黎歌剧院平面图

巴黎歌剧院中心的大楼梯

巴斯城“马戏场”的连排住宅

英国巴斯城

式主要在仓库、火车站、厂房、办公楼、图书馆等建筑上得到了很好的表现。而与此同时，一种任意模仿、组合、拼凑历史上各种建筑风格而形成的建筑形式也占有一席之地，这就是“折中主义”。这种建筑没有一定的法则，十分注重形式上的美感。建于19世纪中叶的巴黎歌剧院便是这种建筑的代表。巴黎歌剧院的设计者是建筑师戈尼尔，因而也有人称它为戈尼尔宫。

查理十世的卢浮宫博物馆

巴黎歌剧院的建筑风格杂糅了法国和意大利文艺复兴时期宫殿的一些元素，属于新巴罗克风格。戈尼尔在建筑整体风格的创新上并无建树，但他却使歌剧院内部功能齐备，装饰豪华，生机盎然，并充满人性化色彩。最有意思的是，他把歌剧院中心的大楼梯打扮得精致堂皇，造型独特，十分抢眼。这个有着三道折弯的楼梯，动感、活泼，构图饱满，堪称建筑造型的杰作。

但也有人对此不以为然，觉得它太过华丽、富贵，送它一个“巴黎的首饰盒”的雅号。还有人讽刺戈尼尔在整体与局部关系的处理上很不恰当，大楼梯有喧宾夺主之感。“不像是大楼梯为剧院而造，倒像是剧院为大楼梯而建”。

整体而言，戈尼尔的作品毫无新意，他对新的东西似乎缺乏应有的兴趣，他太依恋传统，骨子里是个古典的人，他的作品从艺术上讲仍然十分保守。但他也抵挡不住新材料的诱惑，事实上，歌剧院也全部采用的是钢铁框架结构，属于新型建筑。但这与他古典主义的情怀格格不入，戈尼尔迫不及待地给它穿上了古典主义的外衣，生怕露出一点新材料的痕迹，他觉得古典的才是经典的，而新型建筑从结构上是可取的，但艺术上却不值一提。

在那个崭新的世纪里，世界在发生着迅速的变化，不仅建筑材料和风格发生了革命，人们将城市建成一个有机整体的意识也在不断增强，对杂乱无序的城市进行统一规划和改造的呼声也日渐高涨。此时，房地产商首先介入到这个领域当中，他们以一批批整体规划的高档连排住宅代替了过去随意而为的个体建筑，这使城市的主要街道两旁的建筑都显得整齐、有序，风格统一，搭配和谐。

雷诺设计的巴黎圣乔治斯广场宅第

著名的英国巴斯城的女王广场、马戏场和皇家新月广场等就是在那个时期建造起来的。对巴斯城的改造前后长达半个世纪，耗去了两代建筑师毕生的心血，其中伍德父子贡献最大，功不可

伦敦大英博物馆

没。随后便是对伦敦市中心的改造，4年时间它便已初具规模。连排住宅、园林、摄政大街、詹姆士公园、白金汉宫等相继建成，基本形成了现有的格局。

此后，巴黎的城市改造也拉开了帷幕。此前，工业革命使产业结构发生了重大改变，大量农业人口因破产而拥向产业集中的城市谋求生存。人口的猛增使贫民窟像毒菌一样遍地泛滥，维持城市正常运转的配套设施已不堪重负。拿破仑三世雄心勃勃，决心改变巴黎拥挤混乱的局面，打造一个可与古罗马城媲美的帝国都城。这是在伦敦旧城改造30年之后由拿破仑三世的政务大臣欧斯曼主持的世界上最大的一次旧城改造工程。这一工程虽然彻底地改变了巴黎的旧面貌，却依然不是现代意义上的城市规划建设，然而，它所具有的进步意义也是不言而喻的。在随后较长的一段时间里，欧洲许多城市有感于巴黎旧城改造的成功，纷纷效法，掀起了一股城市建设的热潮。

19世纪是一个建筑革命的伟大世纪，它使人们摆脱了几千年来传统建筑思想的制约，使建筑从功能到形式都顺应了社会发展的潮流。19世纪也为建筑从古典主义时代向现代社会迈进铺砌了一条平坦的大道。

伦敦塔桥